"十二五"职业教育国家规划教材

经全国职业教育教材审定委员会审定

电能计量
（第二版）

主编　祝小红　周　敏

编写　徐文靖　郑　雪

主审　刘建华

中国电力出版社

CHINA ELECTRIC POWER PRESS

内 容 提 要

本书为"十二五"职业教育国家规划教材，是根据职业教育培养创新型、技能型人才的要求编写的。

本书以电能计量装置为线索，介绍了常用电能计量装置的原理、结构与功能，在此基础上重点说明了电能计量装置的接线、配置及检定方法，还对客户用电信息采集系统以及窃电的检查及处理方法进行了介绍。主要内容包括电子式电能表的原理与结构，电子式电能表的接线和功能，测量用互感器，电能计量装置的接线及配置，客户用电信息采集系统，窃电的检查及处理，电子式电能表的检定，测量用互感器的检定，综合误差及实验部分。本书注重新器件、新技术的应用，并全面贯彻最新国家及行业标准，同时在书中配有丰富的图、表，可读性强，有助于读者理解。每章章末配有习题，便于读者学习效果检验。

本书可作为高职高专院校电力技术类、电气工程类专业的教材，也可作为培训教材及从事电能计量、用电检查和用电营业工作的电气工程技术人员的参考书。

图书在版编目（CIP）数据

电能计量/祝小红，周敏主编. —2 版. —北京：中国电力出版社，2014.8（2020.7重印）
"十二五"职业教育国家规划教材

ISBN 978 - 7 - 5123 - 6132 - 4

Ⅰ.①电… Ⅱ.①祝… ②周… Ⅲ.①电能计量—高等职业教育—教材 Ⅳ.①TM933.4

中国版本图书馆 CIP 数据核字（2014）第 144726 号

出版发行：中国电力出版社
地　　址：北京市东城区北京站西街 19 号（邮政编码 100005）
网　　址：http://www.cepp.sgcc.com.cn
责任编辑：牛梦洁（010 - 63412528）
责任校对：黄　蓓
装帧设计：郝晓燕
责任印制：钱兴根

印　　刷：三河市航远印刷有限公司
版　　次：2006 年 11 月第一版　2014 年 8 月第二版
印　　次：2020 年 7 月北京第十一次印刷
开　　本：787 毫米×1092 毫米　16 开本
印　　张：11.25
字　　数：269 千字
定　　价：35.00 元

前　言

随着我国坚强智能电网的全国推广，针对坚强智能电网的电能计量方式和计量手段都发生了较大变化。智能电能表与电子互感器作为智能电网的计量装置，已经逐渐代替了传统电网中应用的感应式电能表和电磁式互感器。与此同时，计量装置通信功能的实现，为建设交互性的客户用电信息采集系统提供了可能。而高等职业院校作为行业技能人才的培养单位，肩负着培养创新型、技能型行业人才的重要责任，对应的教材也应该体现新技术、新器件的推广应用，基于以上行业和教育背景，特编写了此书。

本书以电能计量装置为线索，介绍了常用电能计量装置的原理、结构与功能，在此基础上重点说明了电能计量装置的接线、配置及检定方法，还对客户用电信息采集系统以及窃电的检查及处理方法进行了介绍。主要内容包括电子式电能表的原理与结构，电子式电能表的符号与功能，测量用互感器，电能计量装置的接线及配置，客户用电信息采集系统，窃电的检查及处理，电子式电能表的检定，测量用互感器的检定，综合误差及实验部分。本书主要特点如下。

（1）紧密结合职业教育改革成果，充分调研电能计量方向毕业生的就业岗位要求，确定了本书的主要编写内容。目前，我国的智能电网建设处于初级阶段，电能计量方式及装置还在逐渐地更新换代，新型计量装置与传统计量装置并存的状况在近时期广泛存在，因此，在介绍新型计量装置的同时，也注意新型计量装置与传统计量装置在原理、应用上的不同对照。

（2）严格贯彻最新国家和行业标准，执行国家电能计量管理规程。随着智能电网的发展规划，国家和电力行业出台了一系列标准，在本书编写过程中，严格贯彻执行，保证本书内容的先进性。

（3）密切联系实际，深入浅出，通俗易懂。本书编者有多年的"电能计量"课程教学经验，深刻了解高等职业院校学生的认知规律和特点，力求在编写过程中充分考虑读者群的特点，让他们感到学有所用，能够学以致用。

全书共分十章，其中绪论和第一、四、六章由祝小红编写，第二章由郑雪编写，第五、第七～九章由周敏编写，第三章由周敏和徐文靖编写，第十章由祝小红、周敏、郑雪和徐文靖共同编写，祝小红负责全书的统稿和定稿工作。

在本书编写过程中，得到了武汉电力职业技术学院、四川电力职业技术学院、武汉电力公司有关同仁的大力支持和帮助，在此一并表示衷心感谢。

编写时间所限，书中不妥和疏漏之处在所难免，恳请广大读者批评指正。

编　者

2014 年 1 月

第一版前言

为贯彻落实教育部《关于进一步加强高等学校本科教学工作的若干意见》和《教育部关于以就业为导向深化高等职业教育改革的若干意见》的精神，加强教材建设，确保教材质量，中国电力教育协会组织制订了普通高等教育"十一五"教材规划。该规划强调适应不同层次、不同类型院校，满足学科发展和人才培养的需求，坚持专业基础课教材与教学急需的专业教材并重、新编与修订相结合。本书即为该系列规划教材中的一本。

本书从高职高专教育的特点出发，严格执行国家电能计量管理规程，具有理论联系实际，深入浅出，通俗易懂的特点。全书以电能计量装置为线索，介绍了各部分的构成及工作原理，阐述了电能表、互感器的校验方法，重点介绍了常见计量装置的外部接线及反窃电检查手段；此外，以电子式电能表为核心，介绍了大量的新技术、新设备。书中配有丰富的图、表，有助于读者理解内容。每章均配有习题，最后第十一章是实验内容，便于读者巩固和运用理论知识。

全书共分十一章。其中绪论、第二、四、五、六章由祝小红同志编写，第一、七、八、十章由周敏同志编写，第三章由徐耘英同志编写，第九章由徐文靖、徐耘英同志编写，四位同志共同编写的实验内容构成了第十一章。全书由祝小红主编，并负责全书的统稿和定稿工作；由湖北省电力试验研究院刘建华主审。在本书的编写过程中，曾得到武汉电力职业技术学院、四川电力职业技术学院和武汉电力公司有关同志的大力支持和帮助，在此一并表示衷心的感谢。

限于编者水平，书中难免有疏漏及不妥之处，恳请读者批评指正。

编　者
2006 年 9 月

目　　录

绪　　论

一、电能计量装置概念

电能是一种特殊的商品，其产、供、用几乎在同一时刻完成。为了贸易结算，电能从发电厂到客户间的升压、输送、降压、使用等过程均有电能计量装置，用来计量发电量、厂用电量、供电量和销售电量等，如图 0-1 所示。例如，计量居民用电量的单相电能表就是一种最简单的电能计量装置，它计量的用电量是居民缴纳电费的依据。居民的单相电能表一般都是直接接入电路，但是在高电压、大电流系统中，实际电压和电流超过了电能表的量程，电能表就必须先通过互感器将高电压、大电流变换成低电压、小电流，才能接入电能表进行测量。

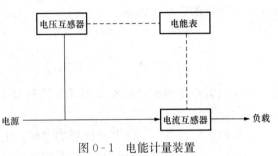

图 0-1　电能计量装置

一般把电能表、测量用互感器、电能表到互感器的二次回路（图 0-1 虚线所示部分）以及计量柜（箱）统称为电能计量装置。

二、电能计量装置各部分作用

1. 电能表的作用

电能表俗称电度表，是电能计量装置的核心部分，其作用是计量负载消耗的或电源发出的电能。由于电能等于功率乘以时间，因此，电能表测量的是功率的累积值。如，某居民客户安装了一块单相电能表，某日上午 7：00—12：00 期间用电负荷情况如下：

$$7：00—8：00 \qquad P_1 = 1000\text{W}$$
$$8：00—10：00 \qquad P_2 = 600\text{W}$$
$$10：00—11：00 \qquad P_3 = 1500\text{W}$$
$$11：00—12：00 \qquad P_4 = 2000\text{W}$$

则单相电能表计量的电能为

$$W_P = P_1 t_1 + P_2 t_2 + P_3 t_3 + P_4 t_4$$
$$= 1\text{kW} \times 1\text{h} + 0.6\text{kW} \times 2\text{h} + 1.5\text{kW} \times 1\text{h} + 2\text{kW} \times 1\text{h} = 5.7\text{kWh}$$

即该客户此日上午的用电量是 5.7kWh。

2. 互感器的作用

互感器就是小容量的变压器，它在电能计量装置中的作用有以下三个方面：

（1）扩大电能表的量程。电压互感器把高电压变换成低电压、电流互感器将大电流变换成小电流，再接入电能表，使得电能表完成了超过其量程的电能测量任务，因此测量范围扩大了。

（2）减少仪表的生产规格。电能表的量程由电压和电流两个参数决定。实际供电线路的电压等级并不多，而实际电流的等级却很多。但是电压互感器二次额定电压一般为 100V，电流互感器二次额定电流为 5A，因此，如果电能表带互感器，则计量高电压、大电流客户的电能表量程只需制造为 100V、5A 一种规格即可。所以互感器的使用减少了仪表的生产规格。

（3）隔离高电压、大电流。抄表及计量装置维护人员经常接近电能表，带互感器后，正常情况下的二次电压、电流都很小，并且都有一端保安接地，安全系数大大提高。

带互感器的计量装置其电量抄读比较特殊。在图 0-1 中，电压互感器的额定变比 $K_U = \dfrac{10\text{kV}}{100\text{V}}$，电流互感器的额定变比 $K_I = \dfrac{50\text{A}}{5\text{A}}$，电能表计度器的变化数字为 $(W_2 - W_1)$，则此套计量装置计得的有功电能是

$$W_P = (W_2 - W_1)K_U K_I$$

$$= (W_2 - W_1) \times \frac{10000}{100} \times \frac{50}{5} = (W_2 - W_1) \times 1000(\text{kWh})$$

也就是说该客户电能表计度器每 1kWh 代表 1000kWh 电量。

3. 二次回路的作用

二次回路是连接电能表和互感器的电路。电能计量装置的二次回路包含电压二次回路和电流二次回路，它们对于计量装置的准确度有影响。

电压二次回路是指由电压互感器的二次绕组、电能表的电压回路以及连接二者的导线所构成的回路。连接导线阻抗的存在，导致二次导线上有部分电压降落，称为电压互感器的二次压降。这样，电能表上实际获得的电压值小于额定值（100V）。因此，电能表因欠电压会少计电能。

电流二次回路是指电流互感器二次绕组、电能表的电流线圈及连接二者的导线所构成的回路。电流互感器的二次负载会影响电流互感器的准确度。二次负载包括电能表电流线圈的阻抗、二次连接导线阻抗、连接端钮间的接触电阻等。电流互感器二次负载增加也会使二次电流减小，从而使得电能表因欠电流而少计电能。

互感器二次压降和二次负载对计量装置准确度的具体影响参见第三章。

4. 计量箱（柜）

计量箱（柜）内可安装电能表、互感器、二次回路、终端设备、负荷控制开关、接线盒等设备，外加封和锁。其作用是封闭、保护、隔离计量装置中的电能表、互感器、二次回路以及裸露在外的变压器低压桩头，使客户不易窃电。计量箱（柜）应符合 GB/T 16934—1997《电能计量柜》、GB/T 7267—2003《电力系统二次回路控制、保护屏及柜基本尺寸系列》技术规范。计量箱（柜）按照其材质分为塑料箱（柜）、金属箱（柜）；按照用途分为单相计量箱（柜）、三相计量箱（柜）、互感器低压桩头罩等。

三、电能计量装置的分类

根据 DL/T 448—2000《电能计量装置技术管理规程》规定，运行中的电能计量装置按其所计电能的数量和计量对象的重要程度分为五类（Ⅰ、Ⅱ、Ⅲ、Ⅳ、Ⅴ），见表 0-1。

四、电能计量方式

供电线路分为单相、三相四线、三相三线电路，那么，与之对应的电能表也有单相电能表、三相四线电能表和三相三线电能表。所谓计量方式并非按电能表分类，而是按电能计量装置相对供电变压器的位置不同来区分。

表 0 - 1　　　　　　　　　　　　　　　电能计量装置的分类

类　别	使用范围
Ⅰ	月平均电量 500 万 kWh 及以上或变压器容量为 10000kVA 及以上的高压计费客户，200 万 MW 及以上发电机，发电企业上网电量，电网经营企业之间的电量交换点，省级电网经营企业与其供电企业的关口计量点的电能计量装置
Ⅱ	月平均用电量 100 万 kWh 及以上或变压器容量为 2000kVA 及以上的高压计费客户，100 万 MW 及以上发电机，供电企业之间的电量交换点的电能计量装置
Ⅲ	月平均电量 10 万 kWh 以上或变压器容量为 315kVA 及以上的计费客户，100 万 MW 以下发电机，发电企业厂（站）用电量、供电企业内部用于承包考核的计量点、考核有功电量平衡的 110kV 及以上的送电线路电能计量装置
Ⅳ	容量在 315kVA 以下的计费客户，发供电企业内部经济技术指标分析、考核用的电能计量装置
Ⅴ	单相供电的电力客户计费用电能计量装置

假设图 0 - 2 中 A、B、C 分别是计量装置的安装点，则 A 点表示计量装置安装在变压器的高压侧，其计量方式称为高供高计，具有专用变压器的客户一般采用这种计量方式；而 B 点表示电能计量装置安装在变压器的低压侧出口处，这种计量方式称为高供低计；C 点表示电能计量装置安装在低压供电线路客户的产权分界处，其计量方式称为低供低计，如居民客户安装的单相电能表等。

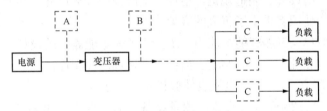

图 0 - 2　电能计量方式示意图

五、电能表的分类

电能表的品种、规格繁多，其类别划分一般有以下几种：

(1) 按电源分，有直流电能表和交流电能表。

(2) 按用途分，有单相电能表、三相电能表、特种用途电能表（如标准电能表、最大需量表、脉冲电能表、预付费电能表、多费率电能表等）、多功能电能表、智能电能表等。

(3) 按原理分，有感应式、机电式和电子式电能表。

(4) 按准确度等级分，有 0.01、0.02、0.05、0.1、0.2S、0.5S、1、2、3 级电能表。其中，0.01~0.1 级为标准电能表，0.2S~3 级为安装式电能表。

第一章　电子式电能表的原理与结构

教学要求

　　了解电子式电能表的相关基础知识；知晓电子式电能表的工作原理，特别是取样电路的分立元件特点；了解载波、GPRS 等通信模块的插件电路及其后期维护方法；掌握各类电子式电能表的结构，特别是电子式电能表铭牌中，型号字母及规格含义。

第一节　电子式电能表的基本知识

　　随着信息技术的发展与成熟，电力营销方式逐步从"大营销"转变为"大营销、智能营销"。智能营销的基础平台是客户用电信息采集系统，它完成"全覆盖、全采集、全费控"目标，这就要求电能表不仅具有电能计量功能，还必须具备存储、通信、费控，甚至网关等功能。在电子式电能表产生初期，各生产厂家根据实际需求，设计了多种规格的电子式电能表，由于当时无统一的设计、制造规范，造成了电能表的外形尺寸、功能、规格、通信规约等要素参差不齐，给使用者带来了很大的麻烦。

　　为此，国家针对单、三相智能电能表（统称电子式电能表）的设计、制造、采购、验收及功能，进行了规范和统一，先后制定、出台了下述规范性文件：

GB/Z 21192—2007　　　《电能表外形和安装尺寸》
GB/T 17215.211—2006　《交流电测量设备　通用要求　试验和试验条件　第 11 部分：测量设备》
GB/T 1804—2000　　　《一般公差　未注公差的线性和角度尺寸的公差》
Q/GDW 205—2008　　　《电能计量器具条码》
Q/GDW 354—2009　　　《智能电能表功能规范》

一、电能表的发展概况

　　1890 年，第一块依据交流电磁感应原理制成的感应式电能表诞生。至今，电能表的发展大致经历了以下 4 个阶段：

　　（1）感应式机械电能表。感应式机械电能表由于具有制造简单、可靠性高、价格便宜等优点，使用了近百年，至今，许多国家仍然在广泛使用。

　　（2）机电式电能表。机电式电能表也叫脉冲式电能表，产生于 20 世纪 70 年代初。它以感应式电能表的电磁感应系统为工作元件，在旋转铝盘的圆周上均匀打孔、铣槽或印记黑色分度线，用穿透式或反射式光电头发射光束，通过采集铝盘旋转的标记数目，由光电传感器完成电能——脉冲的转换，实现电能测量。

　　（3）电子式电能表。电子式电能表也叫静止式电能表，研制于 1976 年。它是利用微电子技术、信号处理技术及通信技术制造的交流电能表。所谓"静止"，是指该类电能表没有转动元件，因此，运行时安静无声。随着集成电路和制造业的发展，初期的电子式电能表可靠性低、抗干扰能力差等问题得到了解决，使其广泛使用成为可能。目前，我国已能自行设计、制造各种规格的电子式电能表，而且，正朝着多功能、智能化方向发展。

（4）智能电能表。智能电能表由测量单元、数据处理单元、通信单元等组成，具有电能量计量、数据处理、实时监测、自动控制、信息交互等功能，是实现客户与电力企业之间"信息化、自动化、互动化"、构建智能电网的必要条件。

二、电子式电能表相关概念

（1）模拟量。模拟量是指连续变化的电量，如按正弦规律变化的电压、电流、功率等。

（2）数字量。数字量是指可用二进制数码（0 和 1）表示的量。由于其数值只有 0 和 1 两种状态，因此，在控制系统中用其描述开关的开断和关合。其信号特点是具有离散性。

（3）模数转换。模数转换是将模拟量转换成数字量，简称 A/D 转换。

（4）数模转换。数模转换是将数字量转换成模拟量，简称 D/A 转换。

（5）测量单元。测量单元是电能表中产生与被计量的电能量成比例功率输出的部件。

（6）数据处理单元。数据处理单元是对输入信息进行数据处理的电能表部件。

（7）多功能电能表。多功能电能表由测量单元和数据处理单元等组成，除计量有功（无功）电能量外，还具有分时、需量测量等两种以上功能，并能显示、存储和输出数据。

（8）计度器。计度器一般为机电或电子装置，由存储器和显示器组成，用以储存和显示信息。

（9）需量周期。需量周期是指测量平均功率连续相等的时间间隔。

（10）最大需量。最大需量是在指定的时间区间（如一个月）内，需量周期中测得的平均功率最大值。

（11）滑差（窗）时间。滑差（窗）时间是依次递推来测量最大需量的小于需量周期的时间间隔。

（12）尖、峰、谷、平时段。电力系统日负荷曲线中最突出的时段称尖时段，高峰负荷对应的时段称为峰时段，低谷负荷对应的时段称为谷时段，尖、峰、谷时段外对应的时段称为平时段。

（13）电能表常数。它是表示多功能电能表计量到的电能量与其相应的输出值之间关系的数，如输出值是脉冲数，则常数以 imp/kWh（imp/kvarh）或 Wh/imp（varh/imp）作单位。如有功电能表常数为 1800imp/kWh，无功电能表常数为 1200imp/kvarh 等。

第二节　电子式电能表的原理和结构

电能表要完成电能计量任务至少要具备两项功能：一是将电压、电流信号相乘，产生实际功率信号；二是将该功率信号进行累加，获得电能数值。

一、电子式电能表的测量原理

我们知道，电能的计算公式为

$$W_P = \int_{t_1}^{t_2} p(t)\mathrm{d}t = \int_{t_1}^{t_2} u(t)i(t)\mathrm{d}t$$

式中　W_P——有功电能；

　　$p(t)$——瞬时功率；

$u(t)$——瞬时电压；

$i(t)$——瞬时电流。

由于积分实质是求和，可见，电能是功率对时间的累积值。也就是说，不管什么类型的电能表，完成电能计量的核心部分是乘法器和加法器。它们的功能如下：

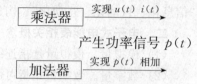

产生功率信号 $p(t)$

| 加法器 | 实现 $p(t)$ 相加 |

产生电能信号 W_P

电子式电能表（微型计算机）采用模拟乘法器（运算放大器电路）或数字乘法器（A/D 转换后数字电路）实现乘法功能，并通过计算机内的存储器累加信号实现加法功能。因此，电子式电能表是应用模/数转换技术，计量电能并直接以数字显示的仪表。

实际中乘法器分为模拟乘法器和数字乘法器两种。电子式电能表的电能计量单元如图 1-1 所示。其中图 1-1（a）所示是运用模拟乘法器的电能计量单元；图 1-1（b）所示是运用数字乘法器的电能计量单元。

从图 1-1 的最底层开始，逐级往上分析，首先是模拟信号电压、电流输入，经过取样电路（图中的 TV、TA）、A/D 转换器、乘法器、分频器、计度器（显示器）等环节，最后完成计量等多种功能。

1. 取样电路

取样电路的作用，一方面是将被测信号按一定的比例转换成低电压、小电流输入到乘法器中；另一方面是使乘法器和电网隔离，减小干扰。

（1）电流取样电路。直接接入的电子式电能表一般采用锰铜电阻取样，工作原理如图 1-2（a）所

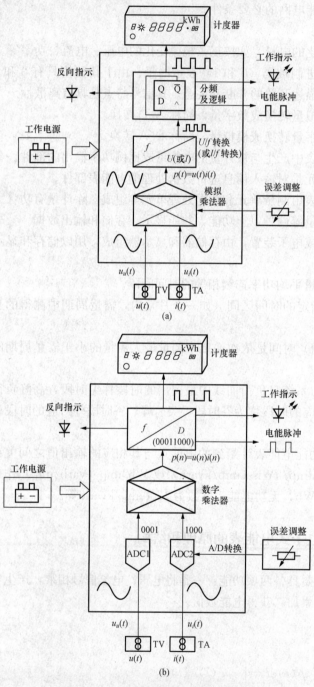

图 1-1　电子式电能表的电能计量单元
(a) 用模拟乘法器实现；(b) 用数字乘法器实现

示。经互感器接入的电子式电能表内部一般采用二次侧互感器级联，以达到前级互感器二次侧不带强电的要求，工作原理如图 1-2（b）所示。

1）锰铜电阻取样。以锰铜片作为分流电阻 R_S，当大电流 $i(t)$ 流过时，产生的微弱电压 $u_i(t)=i(t)R_S$。该小信号 $u_i(t)$ 送入乘法器，作为流过电能表的电流 $i(t)$。一般取样电阻 R_S 选 $175\mu\Omega$，则当基本电流为 5A 时，1、2 之间的取样信号 $u_i=0.875\text{mV}$。

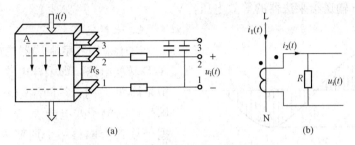

图 1-2　电流取样原理图

（a）锰铜电阻取样工作原理；（b）电流互感器取样工作原理

2）电流互感器取样。采用电流互感器取样的优点是可以使电能表内主回路与二次回路、电压回路与电流回路隔离分开，实现供电主回路电流互感器二次侧不带强电，并可提高电子式电能表的抗干扰能力。因 $i_2(t)=K_I i_1(t)$，则取样微弱电压结果为

$$u_I(t)=i_2(t)R=\frac{i_1(t)}{K_I}R \tag{1-1}$$

式中　$i_1(t)$——流过电能表主回路的电流，A；

　　　$i_2(t)$——流过电流互感器二次侧的电流，A；

　　　K_I——电流互感器的变比；

　　　R——负载电阻，Ω；

　　　$u_I(t)$——输送给乘法器的等效电压，V。

（2）电压取样电路。100V 或 220V 的被测电压必须经分压器或电压互感器取样后，转变为小电压信号，方可送入乘法器。直接接入式电能表一般采用电阻串联分压取样，工作原理如图 1-3（a）所示；经互感器接入式电能表，工作原理如图 1-3（b）所示。

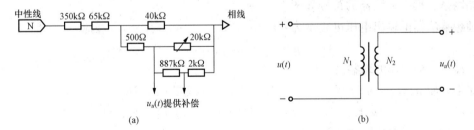

图 1-3　电压取样原理图

（a）电阻取样电路工作原理；（b）电压互感器取样电路工作原理

1）电阻取样。电阻取样电路的优点是线性好、成本低，缺点是不能实现电气隔离。它一般采用多级分压，以便提高耐压和方便补偿与调试。

2）电压互感器取样。电压互感器取样电路的优点是可实现一次侧和二次侧的电气隔离，

提高电能表的抗干扰能力，缺点是成本高。电压取样结果为

$$u_u(t) = \frac{u(t)}{K_U} \qquad (1-2)$$

式中　$u(t)$——被测电压，V；

　　　K_U——电压互感器的变比；

　　　$u_u(t)$——输送给乘法器的等效电压，V。

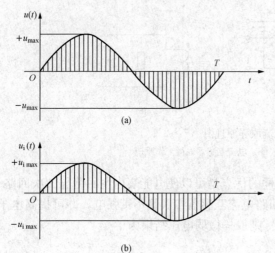

图 1-4　电压、电流信号采样原理
(a) 电压采样；(b) 电流采样

2. 采样电路

对于采用数字乘法器的电能表，必须有 A/D 转换电路，即采样电路。它在每一个模拟量周期 T 内，等间隔地记录信号数据。我国生产的电子式电能表一个周期内采样的数据个数 $N \geqslant 64$。一个周期内采样个数越多，A/D 转换结果越准确。采样可以将连续变化的模拟信号转换成离散的数字信号。采样原理如图 1-4 所示。

例如，正弦电压经过取样电路后最大值为 5V，为了叙述方便，以一个周期内采样 5 个数据为例，则电压信号变成了一组数据 $D_u = (0, +5, 0, -5, 0)$。同理，假设电流最大值为 1A，则一个模拟信号周期内电流信号变成了一组数据 $D_i = (0, +1, 0, -1, 0)$。

3. 乘法器电路

由图 1-1 可知，乘法器有模拟乘法器和数字乘法器两种。

(1) 模拟乘法器。模拟乘法器是一种将两个模拟信号，如输入电能表内连续变化的电压和电流，进行相乘的电子电路，通常具有两个输入端和一个输出端，是一个三端网络。模拟乘法器的符号如图 1-5 所示。

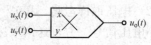

图 1-5　模拟乘法器的符号

理想乘法器的输出电压可表示为

$$u_o(t) = K u_x(t) u_y(t) \qquad (1-3)$$

式中　K——乘法器的增益。

如果，使 $u_x(t) = u_i(t)$，$u_y(t) = u_u(t)$，则乘法器输出为

$$u_o(t) = K u_x(t) u_y(t) = K u_i(t) u_u(t) = K u_p(t) \qquad (1-4)$$

式中　$u_i(t)$——电流取样结果；

　　　$u_u(t)$——电压取样结果；

　　　$u_p(t)$——乘法器计算结果，正比于功率的电压。

由于电压、电流是交变量，可正可负，因此，从乘法器计算的代数结果看，乘法器具有四个工作区域，用图 1-6 中的四个象限来具体说明。设电流取样输入电压 $u_i(t)$ 为 x 方向参数，电压取样输入电压 $u_u(t)$ 为 y 方向参数。两个电压的正负极性不同，导致两个电压相

乘出现了四种组合方式，如图 1 - 6 所示。实际中，把能反映两个输入电压极性四种组合的乘法器，称为四象限乘法器；若一个输入端能够反映正、负两极性电压，而另一个输入端只能反映单一极性电压的乘法器，则称为二象限乘法器；若乘法器在两个输入端分别限定为只有某一种极性的电压才能正常工作，它就是单象限乘法器。

常见模拟乘法器有时分割乘法器、霍尔乘法器等。

（2）数字乘法器。数字乘法器是由计算机软件来完成乘法运算的。它可以在功率因数为 0～1 的全范围内，保证电能表的测量准确度，这是许多模拟乘法器都难以胜任的。采用数字乘法器的全电子式电能表基本结构框图如图 1 - 7 所示。

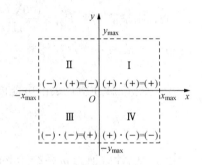

图 1 - 6　象限乘法器原理图

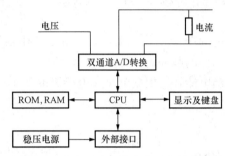

图 1 - 7　全电子式电能表的基本结构框图

微处理器 CPU 控制双通道 A/D 转换，同时对电压、电流进行采样，再由 CPU 实现相乘的功能并累计电能。采样原理如图 1 - 4 所示。当交流电压、电流的周期为 T 时，数字乘法器计算的平均功率 P 表示为

$$P = \frac{1}{T}\int_0^T u(t)i(t)\mathrm{d}t \tag{1-5}$$

以 Δt 为时间间隔，将式（1-5）中的积分做离散化处理，即对电压、电流同时进行采样，则利用计算软件来计算负载有功功率的数学模型为

$$P = \frac{1}{T}\sum_{k=1}^N u(k)i(k)$$
$$T = N\Delta t$$

从此可见，平均功率的计算和功率求解过程与功率因数无关，因此，可以得出采用数字乘法器全电子式电能表的电能测量与功率因数无关的结论。这是这类电能表的一个重要特点。

A/D 转换器的准确度一般较高，其转换误差可以忽略。通过软件来完成采样及乘法计算时，准确度与 Δt 有关。Δt 越小，准确度越高，但计算量将增加，且实时性变差。由采样理论可知，要想使连续信号离散后得到的时间序列不丢失原信号的信息，不仅采样频率要满足奈奎斯特定律，而且必须等分连续的信号周期，否则会产生误差。为此，采用软件锁相技术，可将采样频率自动地锁定在输入信号频率的 N 倍，在输入频率发生变化时，运算软件可以自动调整采样间隔，这样时钟的漂移变化也不会给测量带来误差。

4. 电压/频率转换电路

电能计量单元都有将功率信号［用电压信号 $u_P(t)$ 或 D_P 表示］转换成频率信号的电压/频率转换电路（俗称压/频转换器），即图 1 - 1（a）中的 U/f 和图 1 - 1（b）中的 D/f。

电压/频率转换电路是一种输出信号的频率与输入信号的电压成正比的电子电路。因为电能计量单元产生的测量数据处理是靠单片机完成的，而单片机只认数字"1"和"0"，因此，必须将功率信号变换成如图1-8所示的"1"和"0"形式方波信号，并用方波的频率 f 反映功率 P 的大小。

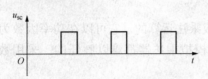

图1-8　电压频率转换后的波形示意图

例如，输入信号 $U_H = 100V$，$I_N = 5A$，设计 $f_H = 1Hz$，则被测功率 P_x 可表示为

$$P_x = \frac{U_H I_N}{f_H} f_x$$

若测得 $f_x = 0.2Hz$，则被测功率 $P_x = \frac{100V \times 5A}{1Hz} \times$ 0.2Hz $= 100W$。由此可知，对于电子式电能表来说，测功率就是测频率，而测频率就是对单位时间内的脉冲进行计数。

若测电能，可根据电子式电能表的基本原理，先求出每个标准脉冲所代表的电能值 D_W

$$D_W = \frac{U_H I_N}{f_H}$$

本例中 $D_W = \frac{U_H I_N}{f_H} = \frac{100V \times 5A}{1Hz} = 500Ws/imp$。设在一定时间内计数值为 $m = 2000imp$，则电能为

$$W_P = D_W m = 500Ws/imp \times 2000imp = 10^6 Ws$$

换算成 kWh 为

$$W_P = 10^6 Ws \times \frac{1kW}{1000W} \times \frac{1h}{3600s} = 0.28kWh$$

可见，电子式电能表的另一个特点是同一块电能表既可以测功率，又可以测电能，并且都是通过对标准脉冲进行计数测量，只是一个是在单位时间内计数，一个是在一段时间（10s、1天、1年）内计数。而且，电子式电能表的电能计量频率有标准高频脉冲 f_L 和标准低频脉冲 f_L 两种，它们的关系是 $f_L = \frac{f_H}{n}$，这里 n 取整数。f_L 相当于 f_H 在 n 内取平均值。所以，f_L 代表平均功率，常用作显示计量脉冲的频率，例如送给显示器或字轮计度器的脉冲频率；而 f_H 则代表瞬时功率，常用作校验脉冲的频率。

5. 分频计数器

经电压/频率转换电路，电能信号已经转化成了相应的脉冲信号。在送入计数器计数之前，该脉冲信号需要先送入分频器进行分频，以降低脉冲频率。这样做，一方面是为了便于取出电能计量单位的位数（如 $1‰$ kWh 位）；另一方面保证计数结果不超过计数器的计数容量。

在电子式电能表中，分频器和计数器一般采用 CMOS 集成电路器件。图1-9为分频计数器原理框图和脉冲波形。

图1-9（a）中，电压/频率转换器送来的脉冲信号 f_x 经整形电路整形后，可输出一系列规则的矩形波，并输入到控制门。控制门输入端 A 点的波形如图1-9（b）所示。石英晶体振荡器产生的标准时钟脉冲信号经分频后作为时间基准，如图1-9（b）B 点的波形所示，也送至控制门。于是控制门打开，输出计数脉冲，得到图1-9（b）所示 C 点的波形。计数

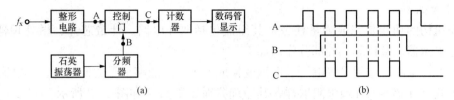

图 1 - 9　分频计数器原理框图和脉冲波形
(a) 原理框图；(b) 脉冲波形

器可记录时间 T 内通过控制门的脉冲数，每一个脉冲所代表的电能值经计算确定后，便可经译码电路由显示器显示出来。

6. 显示器

电子式电能表显示器常采用液晶显示器（LCD）。它是利用液晶在一定电场下发生光学偏振而产生不同透光率来实现显示功能的。分类标准不同，液晶显示器有不同的分类：根据光学原理，可分为透射式、反射式和半透半反射式；根据视角大小，可分为 TN 型（视角为90°）和 STN 型（视角可达 160°）两种；根据工作温度范围可分为普通型（0～65℃）和宽温型（−30～85℃）。液晶显示器在静态直流电场下寿命很短（一般为几千小时），而在动态交变电场下寿命很长（可达 20 万 h）。除此之外，液晶显示器还具有功耗小（电流小于$10\mu A$）、在有　定采光度时显示对比度高等优点。

二、电子式电能表的结构

总体看，电子式电能表就是一台微型计算机，即单片机。该单片机主要组成部分如下：

$$
\text{单片机}\begin{cases}
\text{输入/输出接口：对应电能表各种接口、按键、显示器等}\\
\text{控制器：接收或发出指令}\\
\text{运算器：乘法器、加法器、除法器、减法器等}\\
\text{存储器：存储运算结果}
\end{cases}
$$

CPU　主机

三相电子式电能表的结构框图如图 1 - 10 所示。从电能计量功能来分，电子式电能表分以下几个部分。

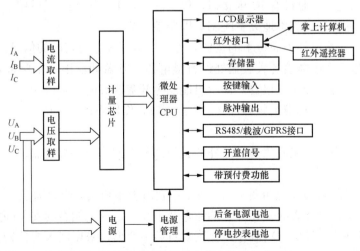

图 1 - 10　三相电子式电能表的结构框图

1. 测量机构

测量机构的功能是完成测量任务，其组成包括取样电路、计量芯片、微处理器 CPU、存储器、显示器、接口等。各部分作用如下：

（1）取样电路，作用是将电压、电流变换成电子电路能够承受的低电压、小电流。常见的取样方式有互感器取样或电阻取样，其原理分别如图 1-2 和图 1-3 所示。

（2）计量芯片，作用是完成乘法器功能，产生功率信号，并且将其转换成频率脉冲。

（3）中央处理器（CPU），CPU 不仅用于管理和控制计量芯片的工作状态，还用于控制分时计费和处理各种输入、输出数据。如根据预先设定的时段（高峰、低谷、平段），分别对功率信号的频率脉冲进行计数，完成分时有功电能、无功电能计量和最大需量计量功能，并根据需要显示各项数据或通过红外或 RS485 接口进行通信传输，完成运行参数的监测、记录，并存储各种数据等。

（4）存储器，运算结果在 CPU 的指令下进入不同的存储器，如功率、电能等，供后续显示、运算等使用。

（5）显示器。按原理分为液晶显示器（LCD）和发光二极管显示器（LED）。电子式电能表有自动循环显示和按钮触发显示两种方式。

（6）电源及电源管理。交/直流转换电路将交流电转换为直流电，给集成电路提供直流稳压电源。正常工作时，电子式电能表的时钟芯片由直流稳压电源供电；当市电发生断电、掉相等故障时，后备电源电池维持时钟的连续性，停电抄表电池供给显示器，以完成抄表。

（7）各种输入及输出接口。

1）红外光接口，实现非接触性的近距离抄表。

2）RS485/载波/微功率等本地通信接口，将电能表与外部其他智能设备如采集器、集中器、终端等连接起来，构成本地通信网络，为实现主站对客户的抄表、负荷控制及监控、预购电量等功能做准备。

3）GPRS/GSM/CDMA/230MHz 远程通信接口，将终端（或电能表）与主站连接起来，构成远程通信网络，实现对客户的远程抄表、负荷控制、负荷监控、预购电量等功能。

4）预付费功能，一是设有 IC 卡接口，以实现预购电，即先付钱后用电；二是电能表内置跳闸开关，以完成远程或本地欠费跳闸，即费控功能。

5）按键输入，指电能表面板上的按钮，方便快速查询电能表内的信息。

6）开盖信号，在电能表的大表盖处设有继电器，开盖即输出一个脉冲，触发事件记录并通过通信信道，向监控主站报警，提示可能发生开盖改表的异常行为。

7）脉冲输出接口：标准高频脉冲 f_H 的输出口，作校表用。

2. 辅助部件

电能表的结构中，除完成测量任务外的其他部分，如外壳、端钮盒、封、铭牌等，称为电能表的辅助部件。

（1）外壳。电能表的外观如图 1-11 所示。它由表座和表盖组合而成。

表座的作用是将电能表测量元件、端钮盒及表盖固定及电能表的安装固定。它一般用绝缘、阻燃、防紫外线的环保材料制作，上紧螺钉后不变形；采用嵌入式挂钩。表盖起封闭和保护作用，表盖的透明窗口（包括整个上盖为全透明的）采用透明度好、阻燃、防紫外线的聚碳酸酯（PC）材料，透明窗口与上盖无缝紧密结合。表盖窗口内即为液晶显示器。

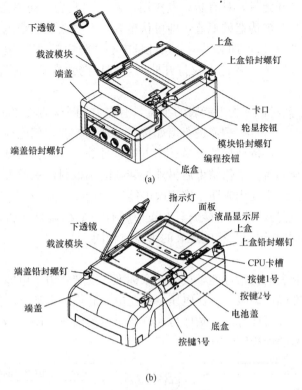

图 1-11　电子式电能表的外观

(a) 单相电子式电能表；(b) 三相电子式电能表

（2）端钮盒及接线端子。端钮盒使用绝缘、阻燃、防紫外线的环保材料制成，有足够的绝缘性能和机械强度。端钮盒内有强电端子（在下排）和弱电端子（在上排），端钮盒的盒盖上印有电能表强电端子和弱电端子接线图。端子座内刻印有接线端子号码。电能表端钮盒与底座之间有密封垫带，密封良好。

其中强电端子主要功能是将内部电流回路、电压回路与外电路相接，弱电端子包括跳闸控制、脉冲、多功能接口、RS485 接口等端子，功能是将内部通信和控制模块与外部通信设备相连。

（3）电能表封。封是电能计量装置的首道防线。电能表封的部位示意图如图 1-12 所示。图中编号 1、2、3、4、5 表示电能表必须加封的位置。各个封的施封部门及用途如下：

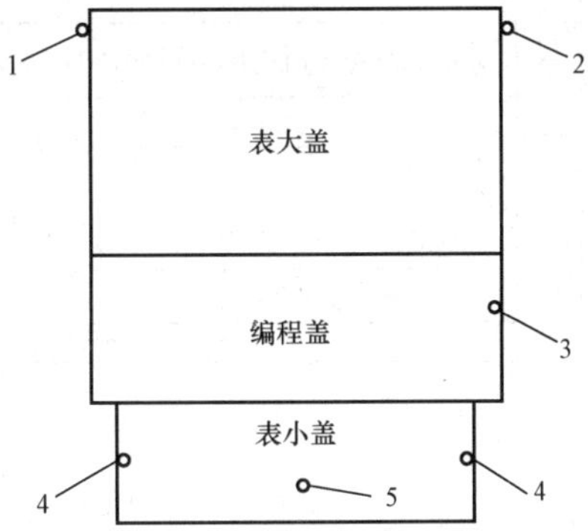

1—电能表大盖左上角处，由厂家加装电能表"厂家出厂检定封"。上面注有厂家名称及条形编码，是厂家与供电公司责任分界点。供电公司计量中心无权打开此封，继而打开电能表大盖。否则，厂家可对电能表质量问题不负责任。

2—电能表大盖右上角处，加装供电公司计量中心"防撬铅封"，表示该表经过计量中心

图 1-12　电能表封的部位示意图

1—电能表厂家封；2—供电公司计量检定封；

3—编程封；4—三相表小盖封；5—单相表小盖封

检定合格。客户无权打开此封，具有防窃电作用：由于"改表"窃电必须打开电能表大盖，因此，若现场发现封 2 有被伪造的痕迹，即可认定客户有"改表"窃电嫌疑。

3—电能表编程盖的右边，加装供电公司计量中心"防撬铅封"，表示该表软件编程及参数设定由计量中心负责完成。客户无权打开此封，同样防止客户通过篡改电能表软件实施窃电。

4—三相电能表小盖封，三相电能表的小盖封有左右两个，加装供电公司"防伪塑封"。由于电能表运行过程中，日常维护需进行诸如接线、现场校验、用电检查等工作，此环节涉及的人员有装表接电工、计量现场校验员、用电检查员等。这三类人员都可根据工作需要废掉前面的小盖封，打开小盖，工作结束后另外加装新的小盖封。三类人员使用的封上面标注的信息略有区别。小盖封主要用来防范客户改电能表的接线实施窃电。

5—单相电能表小盖封，单相电能表只有正中间有一个小盖封，加装供电公司"防伪塑封"。其他信息及防窃电作用与三相电能表的小盖封相同。

3. 铭牌

为使客户了解电能表的技术性能，按照国家标准，安装式电子电能表的面板上必须标有电能表名称、型号、准确度等级、参比电压、参比电流和最大电流、电能计量单位、电能表常数、额定频率、生产许可证标志、顺序号和制造年份等信息。图 1 - 13 为单相电子式电能表和三相电子式电能表的面板图。

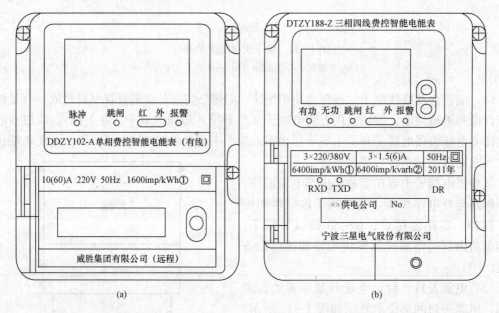

图 1 - 13　电子式电能表的面板图
（a）单相电子式电能表；（b）三相电子式电能表

（1）型号。电子式电能表型号如图 1 - 14 所示。电子式电能表型号中各字母代号及其具体含义，见表 1 - 1。

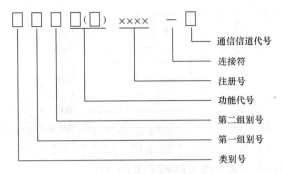

图 1 - 14　电子式电能表的型号含义

表 1 - 1　　　　　　　　　电子式电能表型号中各字母代号及其具体含义

代号	类别号	第一组别号	第二组别号	功能代号		通信信道代号
A		直流 Ah 计	数字化			有线
C						CDMA
D	电能测量	单相		多功能		
F		直流 Vh 计		多费率（分时）		
G						GPRS
H		三相	谐波	多客户		混合
J		直流（电能表）		防窃		微功率无线
L			长寿命			有线网络
N						以太网
P						公用电话线
Q						光纤
S		三相三线	静止（电子）			3G
T		三相四线				
W						230MHz 专网
X		无功		最大需量		
Y				费控（预付费）	预付费	音频
Z			智能			电力线载波

注　1. 功能代号"Y"只有在第二组别的代号"Z"（智能）后时，其含义才为"费控"；在其他代号后时，其含义均为"预付费"。

　　2. RS485 的通信信道代号，在型号中可以省略。

例如，图 1 - 13（a）中单相电能表的型号为 DDZY102 - A，名称为单相费控智能电能表。该型号各项含义如下：

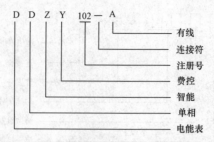

（2）规格。电能表的准确度等级、参比电压、参比电流等参数。

1）参比电压 U_n，为电子式电能表的额定工作电压。

单相电能表，220V；

三相四线电能表，$3\times220/380V$，$3\times57.7/100V$；

三相三线电能表，$3\times100V$，$3\times380V$。

2）参比电流 I_n，为电子式电能表的设计额定工作电流。

采用直接接入方式时，其参比电流有 0.3、1、1.5、5、10、20A 几种。

采用经互感器接入方式，其参比电流为 1.5A，最大电流宜在参比电流的 4 倍及以上。

单相电子式电能表规格见表 1-2。三相电子式电能表规格见表 1-3。

表 1-2　　　　　　　　　　　　单相电子式电能表规格

电能表接入方式	参比电压（V）	参比电流（A）
直接接入	220	5、10、20
经互感器接入	220	1.5

表 1-3　　　　　　　　　　　　三相电子式电能表规格

电能表接入方式	参比电压（V）	参比电流（A）
直接接入	$3\times220/380$，3×380	5、10、20
经电压互感器接入	$3\times57.7/100$，3×100	0.3、1、1.5

3）准确度等级，电能表按有功电能计量的准确度等级可分为 0.2S、0.5S、1、2 四个等级。根据安装对象不同，推荐使用电能表的准确度等级及类型见表 1-4。

表 1-4　　　　　　　　不同安装环境电能表的准确度等级及类型

安装对象	电能表准确度等及类型
关口	0.2S 级三相智能电能表
100kVA 及以上专用变压器用户	0.5S 级三相智能电能表
	1 级三相智能电能表
100kVA 以下专用变压器用户	0.5S 级三相费控智能电能表（无线）
	1 级三相费控智能电能表
	1 级三相费控智能电能表（无线）
公用变压器下三相用户	1 级三相费控智能电能表
	1 级三相费控智能电能表（载波）
	1 级三相费控智能电能表（无线）

续表

安装对象	电能表准确度等及类型
公用变压器下单相用户	2级单相本地费控智能电能表
	2级单相本地费控智能电能表（载波）
	2级单相远程费控智能电能表
	2级单相远程费控智能电能表（载波）

　　4）脉冲常数，电能表的脉冲常数由下式决定并取百位整数

$$C = (2 \sim 3) \times 10^7 / (mU_\mathrm{n}I_\mathrm{max}t)$$

式中　C——电能表常数，imp/kWh；

　　　m——测量单元数；

　　　U_n——参比电压，V；

　　　I_max——最大电流，A；

　　　t——时间间隔，h。

　　可见，与感应式电能表不同的是：电子式电能表脉冲常数单位为 imp/kWh。例如，图 1-13（b）中三相电子式电能表的脉冲常数 $C = 6400\mathrm{imp/kWh}$，其含义是用电设备每耗 1kWh 的有功电能，电子式电能表的脉冲灯就闪动 6400 次；而 $C = 6400\mathrm{imp/kvarh}$，其含义是用电设备每耗 1kvarh 无功电能，电子式电能表的脉冲灯同样闪动 6400 次。

　　5）运行条件：参比频率为 50Hz，参比温度为 23℃，参比相对湿度为 40%～60%，绝缘符号"回"表示属绝缘封闭Ⅱ类防护仪表。

 习　题

　　1-1　什么叫电子式电能表？什么叫智能电能表？

　　1-2　电子式电能表的工作原理与机械式电能表的工作原理的区别是什么？

　　1-3　电子式电能表中，取样电路的作用是什么？常见的电压取样方式有哪些？

　　1-4　电子式电能表中，常见的电流取样方式有哪些？

　　1-5　什么叫 A/D 转换与 D/A 转换？用途是什么？

　　1-6　一块电能表的铭牌上标注有 6400imp/kWh，其含义是什么？若另一块电能表标注有 3200imp/kWh，则在相同负载下，哪块表脉冲灯闪动更快？

　　1-7　叙述电子式电能表中乘法器的作用及种类。

　　1-8　电子式电能表上的封印有几种？各由哪个部门施封？用途是什么？

　　1-9　叙述 DDZY2188-Z 型、DSSZ719-G 型电子式电能表的型号含义。

　　1-10　阐述居民客户电子式电能表的准确度等级配置方法。

第二章　电子式电能表的接线和功能

教学要求

　　理解电子式电能表的强电端子和弱电端子用途。掌握单相电子式电能表的符号、强电端子的正确接线方式，各弱电端子不同功能的含义及正确接线方式。了解单相电子表的计量功能、通信功能等。掌握单相电子式电能表液晶屏显示内容含义。

第一节　电子式电能表的接线

　　电子式电能表电路集成度高，具有除电能计量外的多种辅助功能，由此派生出许多接口电路，如 RS485 接口、校表用脉冲输出端口等，并形成了电子式电能表特有的弱电端子（也称辅助端子），如图 2-1 所示。图中，强电端子指的是接线盒下排与感应式电能表相同的接线孔；而上排小孔就是弱电端子，即辅助端子接线孔，是电子式电能表与外部设备进行通信、控制等功能的连接端，它也是感应式电能表没有的。

强电端子
弱电端子
或辅助端子

图 2-1　电子式电能表接线
端子示意图

　　鉴于电子式电能表与感应式电能表的测量原理相同，电压、电流强电端子外部接线方式也相同，而且感应式电能表的接线直观、形象，便于记忆，因此，电子式电能表仍然用大家熟悉的感应式电能表表示，而弱电端子的接线，则另外用图表标注。

一、单相电子式电能表的接线

　　单相电子式电能表的接线如图 2-2 所示。只不过图 2-2 中 1 和 2 不再是电流线圈和电压线圈，而应视为电流回路和电压回路。比如，常用于单相供电居民客户的直通式接线方式，其强电与弱电端子接线及含义如图 2-3、图 2-4 所示。

　　1. 强电端子正确接线

　　单相电子表电能表强电端子正确接线图如图 2-3 所示。其接线方式是：电流回路与负载串联，电压回路与负载并联；电压回路的相线端子与对应相的电流回路同名端，共同接在电源侧。如果把从电源到电能表叫"进"，从电能表到负载叫"出"，则图 2-3 中电能表的接线方法可称为"1、3 进，2、4 出"。

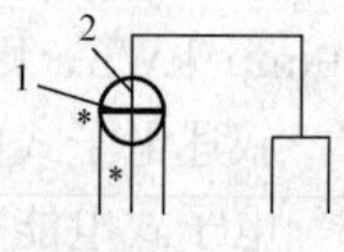

图 2-2　单相电子式电能表接线
1—电流回路；2—电压回路

　　我国单相电能表的额定电压一般为 220V，由于电子式电能表内置的电流取样电路采用电流互感器方式，因此直通式单相电能表额定电流目前最大可达 80A。

　　2. 端钮盒上接线图

　　单相电能表的接线盒小盖反面都会印有电能表的接线图，如图 2-4 所示。图 2-4（a）

下半部分是强电端子接线图，上半部分是各类功能接口的弱电端子位置图；图2-4（b）是强、弱电端子的含义注解：跳闸控制端子5、6完成费控功能；脉冲接线端子7、8输出脉冲，供校验电能表用；多功能输出口接线端子9、10供电能表时钟、程序等参数设定用；RS485A、B接线端子是连接电能表与采集器或集中器，完成通信用的。

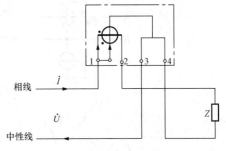

图2-3　单相电子式电能表强电
端子正确接线图

二、三相功率测量及三相电子式电能表的接线

1. 三相功率测量

由电工学原理知，三相功率的测量可采用"两瓦表法"或"三瓦表法"。而电能与功率成正比，所以，三相电路中的电能同样可以运用"两瓦表法"或"三瓦表法"的原理进行测量。

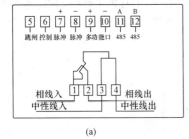

(a)

1	相线接线端子	7	脉冲接线端子
2	相线接线端子	8	脉冲接线端子
3	中性线接线端子	9	多功能输出口接线端子
4	中性线接线端子	10	多功能输出口接线端子
5	跳闸控制端子	11	RS485 A接线端子
6	跳闸控制端子	12	RS485 B接线端子

(b)

图2-4　单相电能表直通式接线图及强、弱电端子含义图
(a) 表盖内接线图；(b) 强、弱电端子含义

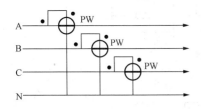

图2-5　"三瓦表法"接线原则

（1）三相四线电路有功电能的测量。三相四线电路的总电能等于各相电路电能之和。所以，不论三相电压或三相电流是否对称，均可采用"三元件"型（三相四线）电能表，按图2-5接线接入电路，测量三相四线电路的总电能。

（2）三相三线电路有功电能的测量。在三相三线电路中，通常采用电工学中的"两瓦表法"原理测量电能。"两元件"型（三相三线）电能表可按图2-6的任意一种接线方式接入被测电路。这时，三相三线电能表可直接读出三相电路的总电能。我国生产的专用三相三线电能表一般采用图2-6（a）的接线方式。

2. 三相四线电子式电能表的接线

（1）强电端子的正确接线。依据"三瓦表法"原理，三相四线电能表的接线如图2-7所示。

（2）端钮盒上强电端子接线图。三相四线电能表接线盒内印制的电能表强电端子接线图如图2-8所示。

（3）端钮盒上弱电端子含义。弱电端子的编号为13～28，其各种功能端子位置如图2-9所示。强、弱电端子功能含义见表2-1。

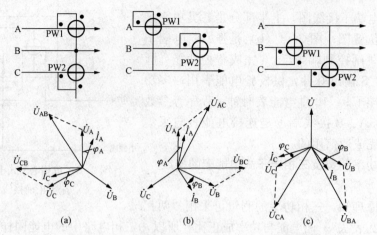

图 2-6　"两瓦表法"接线图及对应的相量图
（a）取 A、C 相电流，A、B 与 B、C 两相间电压；（b）取 A、B 相电流，A、C 与 B、C 两相间电压；
（c）取 B、C 相电流，A、B 与 A、C 两相间电压

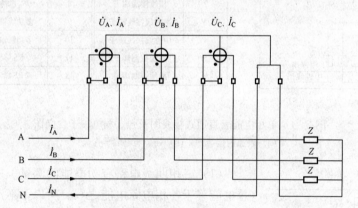

图 2-7　三相四线电能表接线图

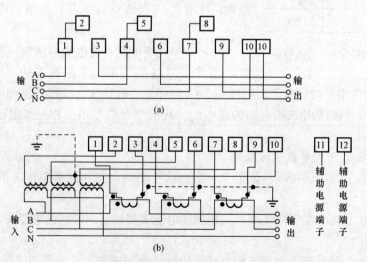

图 2-8　三相四线电子式电能表表盖内强电端子接线
（a）直接接入式；（b）经互感器接入式

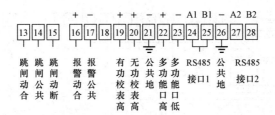

图 2-9　三相四线电子式电能表表盖内弱电（功能）端子位置图

表 2-1　　　　　　　　　**三相四线电子式电能表强、弱电端子功能含义**

序号	对应端子	序号	对应端子	序号	对应端子	序号	对应端子
1	A 相电流端子	8	C 相电压端子	15	跳闸端子-动断	22	多功能口高
2	A 相电压端子	9	C 相电流端子	16	报警端子-动合	23	多功能口低
3	A 相电流端子	10	电压中性线端子/备用端子	17	报警端子-公共	24	RS485 A1
4	B 相电流端子	11	备用端子	18	备用端子	25	RS485 B1
5	B 相电压端子	12	备用端子	19	有功校表高	26	RS485 公共地
6	B 相电流端子	13	跳闸端子-动合	20	无功校表高	27	RS485 A2
7	C 相电流端子	14	跳闸端子-公共	21	公共地	28	RS485 B2

　　注　1. RS485A1、485B1 用于抄读本电能表数据。

　　　　2. RS485A2、485B2 用于抄读下挂电能表数据。

　　　　3. 对于三相四线方式，10 号端子为电压中性线端子；对于三相三线方式，10 号端子为备用端子。

3. 三相三线电子式电能表的接线

　　依据"两瓦表法"原理，三相三线电子式电能表的正确接线如图 2-10 所示。

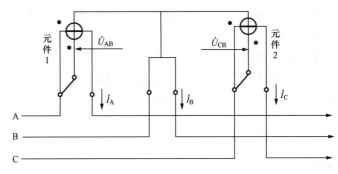

图 2-10　三相三线电子式电能表的正确接线

　　（1）端钮盒上强电端子的接线。三相三线电子式电能表的接线盒印制的强电端子经互感器接入式接线如图 2-11 所示。

　　（2）端钮盒上弱电端子的接线。三相三线电子式电能表的弱电（功能）端子的含义及接线与三相四线电子式电能表相同，如图 2-9 和表 2-1 所示。

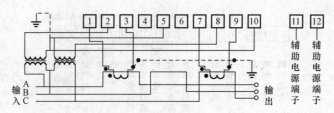

图 2-11 三相三线电子式电能表强电端子经互感器接入接线图

第二节 单相电子式电能表的功能

为便于叙述，先认识几个单相电子式电能表的相关术语：

（1）介质，用于在售电系统与电能表之间以某种方法传递信息的媒体。根据使用不同，可以将介质分为固态介质和虚拟介质两类。

1）固态介质，指具备合理的电气接口，具有特定的封装形式的介质，如接触式 IC 卡、非接触式 IC 卡（又称射频卡）等。

2）虚拟介质，指采用非固态介质传输信息的介质，可以是电力线载波、无线电、电话或线缆等。

（2）CPU 卡，指配置有存储器和逻辑控制电路及微处理器（MCU）电路，能多次重复使用的接触式 IC 卡。

（3）射频卡，指以无线方式传送数据，具有数据存储、逻辑控制和数据处理等功能的非接触式 IC 卡。

（4）ESAM 模块，指嵌入在设备内，实现安全存储、数据加/解密、双向身份认证、存取权限控制、线路加密传输等安全控制功能的模块。

（5）报警金额，指剩余金额报警值。当剩余金额小于等于报警值时，电能表给出光报警。

（6）透支金额，指客户已使用但未缴纳电费的金额值，该值小于零。

（7）低压电力线载波，指将低压电力线作为数据/信息传输载体的一种通信方式。

（8）无线公网信道，指如 GSM/GPRS、CDMA 等实现数据传输的通信。

（9）负荷开关，指用于切断和恢复客户负荷的电气设备。

（10）掉电，指单相电压低于电能表临界电压。临界电压是指单相电能表能够启动工作的最低电压，应为参比电压的 60%。

一、计量功能

电能表的计量功能主要体现在以下几个方面：

1）具有正向有功电能、反向有功电能计量功能，能存储其数据，并可以据此设置组合有功电能。

2）具有分时计量功能，有功电能按相应的时段分别累计、存储总、尖、峰、平、谷电能量。

3）至少存储上 12 个月的总电能和各费率电能量，数据存储分界时刻为月末 24 时，或在每月 1 号至 28 号内的整点时刻。

二、费控功能

费控功能的实现分为本地和远程两种方式：本地方式通过 CPU 卡、射频卡等固态介质实现；远程方式通过载波等虚拟介质和远程售电系统实现。无论是本地还是远程费控方式，最终主站必须对客户实现欠费断电的功能。为此，在电子式电能表的电流回路，设有负荷开关，当客户电费用完时，通过负荷开关跳闸，实现对客户断电；要恢复供电，必须接受主站恢复供电的指令。

1. 负荷开关

负荷开关可采用内置或外置方式：

1）采用内置负荷开关时，电能表最大电流不宜超过 60A，开关操作应设有消弧措施。

2）采用外置负荷开关时，电能表可输出一组开关信号，使负荷开关合闸，允许客户用电；当满足控制条件时，输出的开关信号可驱动外置负荷开关动作，中断供电。

负荷开关无论内置、外置，客户购电成功后都须通过本地方式由客户自行合闸。

2. 控制方式

（1）本地费控。在电能表内进行电费实时计算，其主要功能包括：

1）当剩余金额小于或等于设定的报警金额时，电能表以声、光或其他方式提醒客户；当透支金额低于设定的透支门限金额时，电能表发出断电信号，控制负荷开关中断供电；当电能表接收到有效的续交电费信息后，先扣除透支金额，当剩余金额大于设定值（默认为零）时，可由客户恢复供电。

2）剩余金额不能超过设计允许的电能表最大储值金额（取决于电能表显示位数）。

3）电能表的预存电费与表内的剩余金额进行叠加，并能将剩余金额、电能表用电参数等信息返写至固态介质。

4）电能表不接受非指定介质输入的任何信息。

（2）远程费控。电费计算在远程售电系统中完成，表内不存储、显示与电费、电价相关信息。电能表接收远程售电系统下发的跳闸、允许合闸、ESAM 数据抄读指令时，需通过严格的密码验证及安全认证。

三、通信功能

根据 DL/T 645—2007《多功能电能表通信协议》，电子式电能表一般可设置电气上彼此隔离的三种接口，并通过这三种接口与本地或远程主站实现数据交换。

1. RS485、载波及公网通信

RS485 及载波接口用于实现电能表与其他设备的通信功能。

（1）RS485 通信，实现本地通信功能。如图 2-12 所示，用通信线将电能表的 RS485 接口（A、B 端子）与外部采集器或集中器的 RS485 接口（A、B）对应端子连接起来，完成电能表与采集器的通信，采集器再与集中器通信，它们一起构成了居民客户用电信息采集系统的局部。

（2）载波通信，完成本地通信功能。它直接利用已有的电力线路构成的网络，通过调制与解调技术，实现电能表与采集器或集中器的通信。具备载波通信功能的电能表大表盖外开设有凹槽，可嵌入专用载波模块。载波模块与电能表通过插座式接口连接。若载波模块损坏后失效，只需更换载波模块，电子式电能表便可继续正常通信。电能表可配置窄带或宽带载波模块。

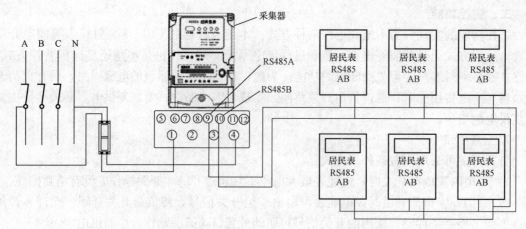

图 2-12　用 RS485 接口构成的居民采集系统局部

（3）公网通信。公共通信网络（简称公网通信）分为 GPRS（中国电信）、GSM（中国移动）和 CDMA（中国联通）三种，完成远程通信功能。具备公网通信功能的电能表，只需将上述电能表大表盖外的通信凹槽内嵌入 GSM 或 GPRS 或 CDMA 模块即可，同样很方便更换。更换通信网络时，只需更换通信模块和软件配置，而不应更换整只电能表。

2. 红外抄表接口

红外抄表接口采用近距离红外线通信，将电能表内的信息加载在红外光波上，传递到外配手持终端或便携微机（抄表机）上。

3. IC 卡接口

IC 卡的存储介质是 EEPROM，又称电可擦除存储器。它以 IC 卡专用介质为载体，通过异地、非同时的读写方式，先在供电企业的售电机上预购一定数额的电量，然后，再通过客户 IC 卡接口将购得电量写入电能表内。

电子式多功能电能表具有记忆功能，保证剩余电量不丢失，同时将表内剩余电量与新购电量进行代数相加；当使用非指定介质时，电能表不接收信息；欠费时提供报警信号和跳闸信号；对电子式多功能电能表进行参数预置；同时也把表内的用电数据等相关信息写到 IC 卡中，从而实现电能表与外部的数据交换，达到使电力客户"先付钱，后用电"的目的。目前，此项功能只用于低压单相、三相四线多功能电能表中。

IC 卡接口电能表一般只适用于零散小客户。因为对于安装了终端设备的大客户，预购电功能完全可以通过主站与终端设备的通信功能完成，不必另设 IC 卡接口。

四、事件记录

单相电子式电能表能够在电能表的运行参数出现异常时，记录异常时间、次数、表的状态，以供分析和追补电量用。它能记录失电压、失电流、需量清零、时段设置等故障的次数、时间，最近 10 次故障的持续时间、对应用电量等。其具体事件记录功能如下：

1）永久记录电能表清零事件的发生时刻及清零时的电能量数据。

2）记录编程总次数及最近 10 次编程的时刻、操作者代码、编程项的数据标志。

3）记录校时总次数（不包含广播校时）及最近 10 次校时的时刻、操作者代码。

4）记录掉电的总次数及最近 10 次掉电发生及结束的时刻。

5）记录最近 10 次远程控制拉闸和最近 10 次远程控制合闸事件及拉、合闸事件发生时刻和电能量等数据。

6）记录开表盖总次数及最近 10 次开表盖事件的发生、结束时刻。

五、显示功能

客户、抄表人员、用电检查人员等可以利用外部手动"按钮"，通过电能表的显示屏，查询有关数据。单相电子式多功能电能表能够显示电量、电价、电费、通信状态等信息，能选择（固定）显示或自动循环显示。液晶显示屏在通电状态下，字符如图 2-13 所示，显示内容及含义见表 2-2。

图 2-13　单相电能表液晶屏字符图

表 2-2　　　　　　　　　单相电能表液晶屏字符内容含义

序号	LCD 图形	说　明
1	当前上18月总尖峰平谷剩余常数 阶梯赊欠用电量价时间段金额表号	汉字字符，可指示： 1）当前、上 1 月/次～上 12 月/次的用电量、累计电量 2）时间、时段 3）阶梯电价、电能量 4）赊、欠电能量事件记录 5）剩余金额 6）常数、表号
2	-8.8.8.8.8.8.8.8 元 kWh	数据显示及对应的单位符号
3	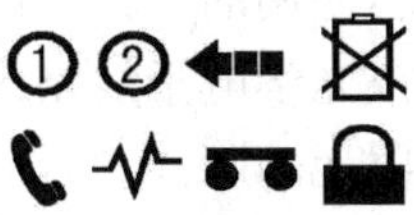 ① ② ← ⊠ ☎ ∿ ⌒ 🔒	1）①②代表第 1、2 套时段 2）功率反向指示 3）电池欠电压指示 4）红外、RS485 通信中 5）载波通信中 6）允许编程状态指示 7）三次密码验证错误指示
4	读卡中成功失败请购电拉闸透支囤积	1）IC 卡"读卡中"提示符 2）IC 卡读卡"成功"提示符 3）IC 卡读卡"失败"提示符 4）"请购电"剩余金额偏低时闪烁 5）继电器拉闸状态指示 6）透支状态指示 7）IC 卡金额超过最大储值金额时的状态指示（囤积）
5	□1□2 尖峰 ⚠ □3□4 平谷 ⚠	1）指示当前运动第"1、2、3、4"阶梯电价 2）指示当前费率状态（尖峰平谷） 3）"⚠⚠"指示当前使用第 1、2 套阶梯电价

六、其他功能

1. 测量及监测

电子式电能表能测量、记录、显示当前电能表的电压、电流（包括零线电流）、功率、功率因数及测量误差等运行参数，为远程监测并及时制止客户的异常用电行为提供了依据。

2. 时钟功能

电子式电能表内配置有：

（1）硬件时钟电路。在 25～60℃的温度范围内，时钟准确度应 不超过±1s/d；在参比温度（23℃）下，时钟准确度不超过±0.5s/d。时钟具有日历、计时、闰年自动转换功能。

（2）使用锂电池作为时钟备用电源。时钟备用电源在电能表寿命周期内无需更换，断电后应维持内部时钟正确工作时间累计不少于 5 年；电池电压不足时，电能表应给予报警提示。

（3）日期和时间的设置必须有防止非授权人操作的安全措施。

（4）广播校时不受密码和硬件编程开关限制。电能表只接受小于或等于 5min 的时钟误差校时，每日只允许校时一次，且应尽量避免在电能表执行冻结或结算数据转存操作前后 5min 内进行。

3. 停电抄表功能

电子式多功能电能表工作时需要电源，一般由外部供电电源提供，一旦电能表三相都失电后，电能表的 CPU 即停止工作，显示器会持续显示 20s，然后关屏进入睡眠方式，这时电能表处于停电抄表模式。

客户如需抄表，一是按动任意按键将电能表唤醒，进入显示方式，通过按键操作来抄收电量，当持续 20s 无按键时，电能表又进入低功耗睡眠方式；二是将停电抄表器（即外部电池）接于表的停电抄表外置接口处，待电能表显示正常后，抄得电能表读数。

4. 脉冲输出功能

电子式电能表的脉冲输出功能是供校验电能表时取脉冲用的。为了便于对电能表进行检验，电子式电能表都通过辅助端子，采用电子开关元件或光学电子线路或继电器触点将电量脉冲输出。输出的脉冲类型有正、反向有功脉冲，四象限无功脉冲。

5. 监督控制功能

电子式电能表能够对内部运行状态进行监视、控制和自检。如电能表备用电池在市电正常时不耗电，表内一般有两块：一块供停电抄表用，耗完后可更换；另一块供时钟芯片用，直接焊接在电路板上，若时钟电池电压低于 3V，显示屏下方"电池"两字就会闪烁，提醒客户及时更换电池。

第三节　三相电子式电能表的功能

与三相电子式电能表相关的术语如下：

（1）最大需量，指在规定的时间段内，记录的需量（平均功率）最大值。

（2）冻结，指存储特定时刻重要数据的操作。

（3）时段、费率。将一天中的 24h 划分成若干时间区段，称为时段，一般分为尖、峰、平、谷时段。与电能消耗时段相对应的计算电费的价格体系称为费率。

（4）临界电压，指电能表能够启动工作的最低电压。此值为参比电压的 60%（对宽量程的电能表此值为参比电压下限）。

（5）失电压。在三相供电系统中，某相负荷电流大于启动电流，但电压线路的电压低于电能表正常工作电压的 78% 时，且持续时间大于 1min，此种工况称为失电压。

（6）全失电压。若三相电压均低于电能表的临界电压，且负荷电流大于 5% 额定（基本）电流的工况，称为全失电压。

（7）断相，指在三相供电系统中，某相出现电压低于电能表的临界电压，同时负荷电流小于启动电流的工况。

（8）失电流，指在三相供电系统中，三相有电压且大于电能表的临界电压，三相电流中任一相或两相小于启动电流，且其他相线负荷电流大于 5% 额定（基本）电流的工况。

一、计量功能

无论是三相四线还是三相三线电子式电能表，一般都具备下列计量功能：

（1）具有正向有功电能、反向有功电能、四象限无功电能计量功能，并可以据此设置组合有功和组合无功电能。

（2）四象限无功电能除能分别记录、显示外，还可通过软件编程，实现组合无功电能 1 和组合无功电能 2 的计算、记录、显示。

（3）具有分时计量功能，可按相应的时段分别累计、存储总、尖、峰、平、谷有功电能、无功电能。

（4）具有计量分相有功电能功能，不采用分相电能算术加的方式计算总电能。

（5）能存储 12 个结算日电能数据，结算时间可设定为每月中任何一天的整点时刻。

（6）不得设置底度值，只能清零；清零必须使用硬件编程键。

1. 四象限无功电能含义及计量功能

（1）四象限无功电能含义。交流阻抗元件有电阻、电感和电容。电阻消耗的是有功功率。电感和电容属于储能元件，它们所吸收的电功率以磁场和电场的形式在电感、电容间交换，这种电功率称为无功功率。电感元件上消耗的功率，称为感性无功功率；电容元件上消耗的功率，称为容性无功功率。

功率按照电流方向和负载性质，分为单向或双向或四象限功率。按照 DL/T 645—2007《多功能电能表通信协议》规定，四象限功率定义如图 2-14 所示。

图 2-14 中，四象限功率含义为：第 I 象限中，电源向负载输入有功功率和无功功率，称为 +P 和 +Q；第 II 象限中，负载向电源输入有功功率，称为 −P，电源向负载输入无功，称为 +Q；第 III 象限中，负载向电源反送有功功率和无功功率，称为 −P 和 −Q；第 IV 象限中，电源向负载输入有功功率，称为 +P，负载向电源输入无功功率，称为 −Q。

（2）四象限无功电能计量。从供电企业角

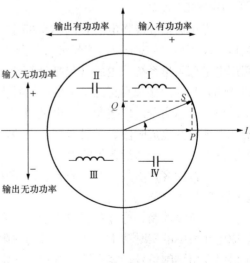

图 2-14　四象限功率定义

度，希望从电源输送到负载处的电能都被消耗掉，即全部转化成有功电能。但是由于负载中含有电感或电容，它们必定要消耗无功电能。即便如此，供电企业仍然希望客户的负载从电源取用的无功电能越少越好，而且也不希望客户负载向电源反向输送无功电能。因为前者会导致负载功率因数降低，后者会导致系统电压波动，甚至会使附近客户的负载因过电压而损坏。因此，计算客户的平均功率因数$\overline{\cos\varphi}$时采用的无功电能是将正向无功电能与反向无功电能的绝对值相加，意义是各种方向的无功电能之和最小，所以

$$\overline{\cos\varphi}_{用电} = \frac{W_P^+}{\sqrt{(|W_{QI}| + |W_{QIV}|)^2 + (W_P^+)^2}} \tag{2-1}$$

$$\overline{\cos\varphi}_{发电} = \frac{W_P^-}{\sqrt{(|W_{QIII}| + |W_{QII}|)^2 + (W_P^-)^2}} \tag{2-2}$$

式（2-1）用于计算客户平均功率因数；而式（2-2）用于计算发电厂平均功率因数。

以往为了计算真正意义上的客户平均功率因数，要分别安装带止逆器的两块有功电能表和两块无功电能表，现在完全可以用一块电子式电能表承担这四块表的计量任务。因为它能将电能计量芯片产生的不同方向、不同性质的有功电能、无功电能分开计量，并分别存放在不同的存储器中。所以，抄读多功能电能表时，电能最多可以抄得四个象限的无功电能和正反两个方向的有功电能。

2. 需量测量

(1) 能测量双向最大需量、分时段最大需量及其出现的日期和时间。

(2) 最大需量值能手动（或使用抄表器）清零，但是有防止非授权人操作的措施。

(3) 出厂默认值：需量周期 15min、滑差时间 1min。

(4) 能存储 12 个结算日最大需量数据。

二、通信功能

遵循 DL/T 645—2007 规定，电子式电能表至少具有 1 个红外通信接口和 1 个 RS485（或载波）本地通信接口，通过这些接口就能与本地终端（或集中器）实现数据交换；再通过远程信道，与主站构成通信网络，以完成远程遥信、遥测、遥控等目的。

1. RS485 接口

用专用通信导线将电能表的 RS485 接口（A、B 接线端子）与客户终端设备的 RS485 接口（A、B 接线端子）连接起来，如图 2-15 所示，它们与主站及通信信道一起构成了专用用电信息采集系统。主站（包括计算机、前置机和电台等）通过远程信道（公网 GPRS/CDMA）与客户实现真正意义上的实时数据交换。RS485 接口主要完成以下任务：

(1) 下达命令。广播命令，也可利用某一客户电能表的地址（一般为 12 位）编码，准确无误地对其完成时段、时段费率、时段功率限额、剩余电量报警限额、代表日、冻结日、需量的方式、时间和滑差等的设置。

(2) 抄读客户本月、上月的有功、无功电能以及最大需量等参数，完成系统对电能表的远程实时抄表任务。

(3) 负载控制。通过对客户终端功率限额数值的设定和下达，客户终端设备可以不断地读取电能表中的实时功率，并当超过功率限额时发出报警信号，超过功率限额的时间大于设定值时发出跳闸信号。客户开关按预先设定的轮次逐级跳开，直至剩余负载功率不超过主站下达的功率限额值为止，剩余负载仍能正常用电。这就实现了对客户的实时负载控制。

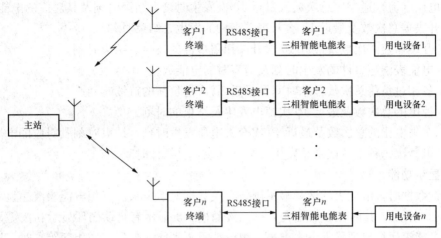

图 2-15　用电信息管理系统

（4）预购电量。可将客户预先购得的电量通过主站下达给客户终端设备，终端设备就不断从购得电量总额中扣除客户电能表计量的电量。当剩余电量等于报警电量时，终端设备发出报警信号，提醒客户及时重新购电；剩余电量为零时，终端设备就通过继电器对客户实施跳闸命令，所有客户开关此时一同跳闸，客户无法再用电，必须重新购电。

（5）防窃电。随时调用、查看客户的实时功率、负荷曲线等，实时监控客户用电行为，并可通过加装高压电流采集器，计算客户真实功率 P_0（类似黑表参数）及客户电能表计量功率 P_x，形成两条负荷曲线：P_0-t 和 P_x-t。比较二者重合程度，即可判断客户是否有窃电嫌疑。

2. 红外抄表接口

常见的红外抄表接口是调制型红外接口。根据 DL/T 645—2007《多功能电能表通信规约》，它是一种非接触型远距离红外通信方式，有效通信距离大于 4m。通过外配手持终端或便携微机（抄表机）通过红外接口实现计算机与电能表的数据交换（编程和抄表）。电能表内的信息加载在红外光波上，传递到抄表机上。

三、事件记录

与机械式电能表相比，电子式电能表由于 IC 卡的应用，在事件记录和信息存储上更具优势，主要记录内容如下：

（1）编程总次数及最近 10 次编程的时刻、操作者代码、编程项的数据标志。

（2）需量清零的总次数及最近 10 次需量清零的时刻、操作者代码。

（3）校时总次数（不包含广播校时）及最近 10 次校时的时刻、操作者代码。

（4）各相失电压的总次数及最近 10 次失电压发生时刻、结束时刻及对应的电能量数据等信息。

（5）各相断相的总次数及最近 10 次断相发生时刻、结束时刻及对应的电能量数据等信息。

（6）各相失电流的总次数及最近 10 次失电流发生时刻、结束时刻及对应的电能量数据等信息。

（7）最近 10 次电流不平衡发生、结束时刻及对应的电能数据。

（8）电压（流）逆相序总次数及最近 10 次发生时刻、结束时刻及其对应的电能数据。

（9）开表盖总次数及最近 10 次开表盖事件的发生、结束时刻。

（10）开端钮盖总次数及最近 10 次开端钮盖事件的发生、结束时刻。

（11）电能表清零事件的发生时刻及清零时的电能数据。

（12）各相过负荷总次数、总时间及最近 10 次过负荷的持续时间。

（13）掉电的总次数及最近 10 次掉电发生及结束的时刻。

（14）全失电压的总次数及最近 10 次全失电压发生时刻、结束时刻及对应的电流值。

（15）可抄读每种事件记录总发生次数和（或）总累计时间。

四、显示功能

在查询数据时，电能表的液晶显示屏将有关数据显示出来。三相电能表液晶显示屏字符图如图 2-16 所示，其内容含义见表 2-3。液晶显示屏显示有自动循环显示和按键显示两种方式。当电能表运行出现异常（失电压、电流严重不平衡、断相、逆相序等）时，显示应停留在该代码上，并同时进行光报警。

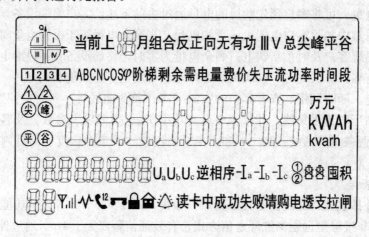

图 2-16　三相电能表液晶显示屏字符图

表 2-3　　　　　　　　　　　三相电能表液晶显示屏字符内容含义

序号	LCD 图形	说　　明
1	当前运行象限指示图形	当前运行象限指示
2	当前上 月组合反正向无有功ⅢⅤ总尖峰平谷 ABCNCOSφ阶梯剩余需电量费价失压流功率时间段	汉字字符，可指示： 1）当前、上1月-上12月的正反向有功电能，组合有功或无功电能，Ⅰ、Ⅱ、Ⅲ、Ⅳ象限无功电能，最大需量，最大需量发生时间 2）时间、时段 3）分相电压、电流、功率、功率因数 4）失电压、失电流事件记录 5）阶梯电价、电能 1234 6）剩余电量（费），尖、峰、平、谷、电价

续表

序号	LCD图形	说　明
3	-8.8.8.8.8.8.8 万元 kWAh kvarh	数据显示及对应的单位符号
4	888888888 88	上排显示轮显/键显数据对应的数据标识，下排显示轮显/键显数据在对应数据标识的组成序号，具体见 DL/T 645—2007
5	①②📶〜📞🔒🏠🔔	从左向右依次为： 1）①②代表第 1、2 套时段 2）时钟电池欠电压指示 3）停电抄表电池欠电压指示 4）无线通信在线及信号强弱指示 5）载波通信 6）红外通信，若同时显示"1"表示第 1 路 RS485 通信，显示"2"表示第 2 路 RS485 通信 7）允许编程状态指示 8）三次密码验证错误指示 9）实验室状态 10）报警指示
6	囤积 读卡中成功失败请购电透支拉闸	1）IC 卡"读卡中"提示符 2）IC 卡读卡"成功"提示符 3）IC 卡读卡"失败"提示符 4）"请购电"在剩余金额偏低时闪烁 5）透支状态指示 6）继电器拉闸状态指示 7）IC 卡金额超过最大费控金额时的状态指示（囤积）
7	UaUbUc 逆相序 -Ia-Ib-Ic	从左到右依次为： 1）三相实时电压状态指示，"Ua"、"Ub"、"Uc"分别对应于 A、B、C 相电压，某相失电压时，该相对应的字符闪烁；某相断相时则不显示 2）电压、电流逆相序指示 3）三相实时电流状态指示，"Ia"、"Ib"、"Ic"分别对应于 A、B、C 相电流。某相失电流时，该相对应的字符闪烁；某相电流小于启动电流时则不显示。某相功率反向时，显示该相对应符号前的"—"
8	①②③④	指示当前运行第 1、2、3、4 套阶梯电价
9	⚠⚠ 尖峰平谷	1）指示当前费率状态"尖峰平谷" 2）"⚠ ⚠"指示当前使用第 1、2 套阶梯电价

五、其他功能

1. 时钟、时段及费率功能

电子式电能表内置硬件时钟电路，具有日历、计时和闰年自动切换功能。内部时钟频率为 1Hz。全年至少可设置 2 个时区，24h 内至少可以设置 8 个时段，时段最小间隔为 15min。若间隔大于表内设定的需量周期值，时段可跨越零点设置。

2. 校时功能

电子式电能表的时钟数值可以通过下列方式进行校正：

（1）在编程状态下，可通过 RS485、红外通信接口等对电能表校时，广播校时除外。

（2）广播校时每天只允许一次，无需编程键和通信密码配合。电能表可接受的广播校时范围不得大于 5min，且应避免在电能表执行冻结或结算数据转存操作前后 5min 内进行；当校时时间大于 5min 时，电能表只有通过现场进行校时。

3. 测量及监测

电子式电能表能测量、记录、显示总及各分相电压、电流、功率、功率因数等运行参数，测量误差（引用误差）在 ±1% 范围内。同时能提供越限监测功能，以对线（相）电压、电流、功率因数等参数设置限值并进行监测；当某参数超出或低于设定的限值时，以事件方式进行记录。

4. 冻结功能

（1）定时冻结：按照指定的时刻、时间间隔冻结电能数据，每个冻结量至少保存 12 次。

（2）瞬时冻结：在非正常情况下，冻结当前的所有电量数据、日历和时间以及重要的测量数据。瞬时冻结量保存最后 3 次数据。

（3）约定冻结：在新老两种费率/时段转换或电力企业认为有特殊要求时，在约定时刻冻结该时刻的电能数据以及其他重要数据。

（4）日冻结：存储每天零点的电能数据，可存储 2 个月的数据量。

5. 停电抄表

在停电状态下，能通过按键或非接触方式唤醒电能表，抄读电能等数据。

6. 数据存储功能

（1）至少能存储上 12 个结算日的双向总电能和各费率的电能数据，数据转存分界时刻为月末 24 时（月初零时）或在每月 1～28 日内的整点时刻。

（2）至少能存储上 12 个结算日的双向最大需量、各费率最大需量及其出现的日期和时间数据，数据转存分界时刻为月末 24 时（月初零时）或在每月 1～28 日内的整点时刻。月末转存的同时，当月的最大需量值应自动复零，其他时刻最大需量值不转存，最大需量也不复零。

（3）电能表电源失电后，所有与结算有关的数据保存时间应不少于 10 年，其他数据保存时间应不少于 3 年。

7. 清零

电能表清零操作必须作为事件永久记录；所有清零指令必须有防止非授权人操作的安全措施，如设置硬件编程开关、操作密码或封印管理以及保留清零前数据等。

8. 脉冲输出

电能表应具备与所计量的电能成正比的 LED 脉冲和电量脉冲输出功能。

9. 失电压、断相

发生任意相失电压、断相时，电能表能记录并发出正确提示信息。

10. 扩展功能

可以根据需要，选配以下功能：

（1）计量视在电能，建议的计算方法参见 DL/T 614—2007。

（2）谐波电压、电流、电量的监测。

（3）电能质量监测。

（4）计算铁损、铜损。

 习　题

2-1　画出单相电子式电能表的符号，并阐述与机械式电能表的含义区别。

2-2　画出三相电子式电能表的弱电端子位置含义，说明各对弱电端子的用途。

2-3　单相电子式电能表如何实现本地费控？

2-4　画出用电信息管理系统框图，并描述如何实现负荷控制。

2-5　电子式电能表的本地通信接口有几种？作用是什么？

2-6　请画出一种低压集抄系统架构图。

2-7　电子式电能表的工作电源是电池还是外部供电？时钟备用电池与停电抄表电池是否为同一电池？

2-8　时钟备用电池在断电后，可维持内部时钟正确工作时间累计不少于多少年？

2-9　单相与三相电子式电能表的事件记录功能有区别吗？

2-10　居民通过单相电子式电能表的按钮，可查询到从当月开始之前共计几个月的用电量？

第三章　测 量 用 互 感 器

教学要求

掌握互感器的结构、工作原理和铭牌参数，熟悉互感器的比差、角差等概念及工作条件对互感器误差的影响，能合理地选择并正确地使用互感器；了解光学互感器的特点和工作原理；掌握在实验室内检定电流、电压互感器误差的方法、内容和要求，熟悉电流、电压互感器误差试验的主要设备。

一、互感器的作用

互感器在电力线路中用于对交流电压或电流进行变换，将高电压变为低电压、大电流变为小电流，供电力系统测量仪器、仪表和继电保护装置等采用，以满足对高电压、大电流的测量和对电气设备安全的保护。常用的电压互感器有电磁式和电容式两种；电流互感器为电磁式。近几年，随着电力电子和光纤技术的发展，一种新型的光电式互感器已开始进行工业试验并被应用。互感器在电能计量装置中的作用主要有以下三个方面：

（1）扩大电能表的量程。电压互感器把高电压变换成低电压；电流互感器将大电流变换成小电流，再接入电能表，使电能表能够完成超过其量程的电能测量任务。

（2）减少仪表的制造规格。互感器的使用，使仪表制造厂家容易实现电能表等指示。仪表生产规格的标准化。如高供高计用三相三线电能表的量程一般为电压 100V，电流 5A，这有利于电能表的批量生产和成本的降低。

（3）隔离高电压、大电流，保证测量仪表与测试人员的安全。由于互感器具有对变换前后电路隔离的结构，以及良好的绝缘性能，能够保证测量仪表与测试人员的安全。因为计量人员经常接触的电能表是在互感器的二次回路，正常情况下，二次侧的电压、电流都很小，并且都有一端保护接地，从而大大提高了人身和指示仪表的安全系数。

二、互感器的分类

互感器种类很多，按照不同的分类方法，互感器可以分为以下几种类型。

1. 按工作原理分

按照工作原理，互感器可分为电磁式、电容式、电子式三种。电磁式互感器是利用电磁感应原理制成的；电容式互感器是利用电容分压原理制成的，多用于 110kV 及以上的高压电力系统；光电式互感器有的是根据法拉第效应制成的激光电流互感器，也有根据波开尔效应制成的激光电压互感器。

2. 按照功能分

按照实现的功能，互感器可分为电流互感器（TA）和电压互感器（TV）两种。TA 能将系统中的大电流变换为规定的标准二次电流；TV 将高电压变换为规定的标准低电压，供二次测量用。

3. 按照用途分

按照用途，互感器可分为计量用、测量用、保护用等几种。

4. 按照使用地点分

按照使用地点不同，互感器可分为户内、户外、独立式、套管式等。

5. 按照绝缘结构分

根据绝缘结构的不同，互感器可分为干式、固体浇注式、油浸式及气体绝缘式等几种。

另外，根据测量对象不同，互感器可分为单相、三相互感器等，根据二次绕组的不同可分为单绕组、双绕组及多绕组互感器。

第一节　电磁式电压互感器

常用的电压互感器有电磁式和电容式两种。在计量装置中，目前使用最多的是电磁式电压互感器。现以电磁式电压互感器为例说明其结构、原理及使用。

一、电压互感器的结构及原理

1. 电压互感器结构

电压互感器（TV）相当于一种容量较小的降压变压器，由铁芯、一次（初级）绕组、二次（次级）绕组、接线端子和绝缘支撑物等组成。一次绕组匝数较多，导线直径小，其额定电压采用不同的电压等级，接系统的线电压或相电压，绝缘物质由实际系统电压的高低而定；二次绕组匝数较少，导线直径较一次绕组粗得多，其额定电压为 100V，与计量仪表电压回路相连。单相电压互感器的结构及图形符号分别如图 3-1、图 3-2 所示。

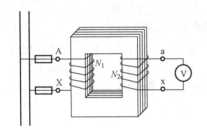 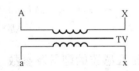

图 3-1　单相电压互感器的结构　　　　　图 3-2　单相电压互感器的图形符号

2. 电压互感器的工作原理

电压互感器的工作原理和电力变压器的工作原理基本相同，都是电磁感应原理，主要区别是二者的容量不同。由于用途不同，电压互感器对电压变换的比例以及变换前后的相位有严格的要求，而降压变压器对此要求不高；电压互感器主要传输被测量的信息，即电压的大小和相位，而后者主要用于传输电能或阻抗变换。

电网电压 $\dot{U}_1$ 加于一次绕组（匝数为 N_1）时，绕组中流过电流 $\dot{I}_1$，铁芯内就产生交变主磁通 $\dot{\Phi}$，$\dot{\Phi}$ 不仅穿过一次绕组，还穿过二次绕组（匝数为 N_2），分别在两个绕组中产生感应电动势 $\dot{E}_1$ 和 $\dot{E}_2$。由电磁感应原理可知

$$E_1 = 4.44 N_1 \Phi f \qquad\qquad E_2 = 4.44 N_2 \Phi f$$

根据图 3-3 所示的电压互感器等值电路，在一次回路中可得出

$$\dot{U}_1 = \dot{I}_1 (r_1 + jx_1) - \dot{E}_1 \tag{3-1}$$

在二次回路中，根据电路原理，可得

$$\dot{U}_2 = E_2 - \dot{I}_2(r_2 + jx_2) \tag{3-2}$$

忽略电压互感器一、二次绕组的电阻 r_1、r_2 和漏电抗 x_1、x_2，则可得电压互感器一、二次电压之比等于一、二次绕组的匝数之比，即

$$\frac{U_1}{U_2} \approx \frac{E_1}{E_2} = \frac{N_1}{N_2} \tag{3-3}$$

理想情况下，定义

$$K_{UN} = \frac{U_{1N}}{U_{2N}} = \frac{N_1}{N_2} \tag{3-4}$$

式中　K_{UN}——电压互感器的额定变压比，简称变比；

　U_{1N}、U_{2N}——一、二次额定电压值。

三相电压互感器的变比为一、二次额定线电压之比，用不约分的形式表示，如 10kV/100V、110kV/100V、220 kV/100V。

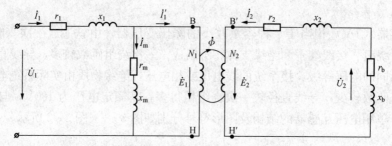

图 3-3　电压互感器等值电路

$\dot{U}_1$、$\dot{U}_2$——一、二次绕组电压；$\dot{E}_1$、$\dot{E}_2$——一、二次绕组感应电动势；$\dot{I}_1$、$\dot{I}_2$——一、二次电流；

r_1、r_2——一、二次绕组电阻；x_1、x_2——一、二次绕组漏电抗；r_m—励磁电阻；

x_m—励磁电抗；r_b—负载电阻；x_b—负载电抗

二、电压互感器的型号及参数

1. 电压互感器型号的含义

我国采用汉语拼音字母组成电压互感器的型号，表示其主要结构形式、绝缘类别和用途。电压互感器型号含义如图 3-4 所示。如 JDZJ—10 型为额定一次电压为 10kV 的单相、环氧树脂浇注绝缘、接地保护式电压互感器。

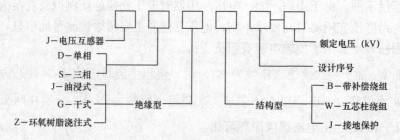

图 3-4　电压互感器型号含义

图 3-5 所示为应用广泛的 JDZJ—10 型电压互感器的外形示意图。这种电压互感器直接利用空气冷却，质量轻，无易燃油，能防火防爆。图 3-6 所示的 JDJ—10 型电压互感器的外形与结构。JDJ—10 型单相电压互感器为额定一次电压为 10kV 的单相油浸式电压互感

器。油浸式电压互感器外壳为金属桶，铁芯和绕组均浸泡于金属桶内的绝缘油中，一、二次绕组引出端子用绝缘子与桶皮绝缘。常用的还有 JSJB、JSJW 等系列三相油浸式电压互感器。

2. 电压互感器的主要参数

电压互感器的铭牌上标有电压等级、准确度等级、视在功率、一次电压或变比、绝缘方式、安装方式、户内或户外等。

（1）绕组的额定电压。额定一次电压是可以长期加在一次绕组上的电压，并以该电压为基准确定其各项性能指标。根据接入电路的情况，额定一次电压可以是线电压，也可以是相电压，其值应与我国电力系统规定的"额定电压"系列一致。额定二次电压是电压互感器二次回路输出的额定电压值。我国规定，接在三相系统中相与相之间的单相电压互感器额定二次电压 U_{2n} 为 100V；接在三相系统相与地之间的单相电压互感器，额定二次电压为 $100/\sqrt{3}$ V。

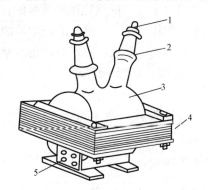

图 3-5　JDZJ—10 型电压互感器外形示意图

1—一次接线端子；2—高压绝缘套管；

3—内装一、二次绕组，绝缘树脂浇注；

4—铁芯（壳式）；5—二次接线端子

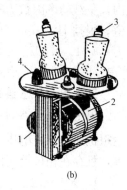

(a)　　　　(b)

图 3-6　JDJ—10 型单相电压互感器的外形与结构

(a) 外形图；(b) 内部结构图

1—铁芯；2—一次绕组；3—一次绕组引出端子；

4—二次绕组引出端子；5—套管绝缘子；6—外壳

（2）额定变比，即额定电压比，指电压互感器的额定一次电压与额定二次电压之比，也等于一、二次绕组匝数之比。

【例 3-1】　一电压互感器的一次绕组匝数为 50000，二次绕组匝数为 500，二次电压为 100V，求电压互感器的变比值和二次额定电压折算到一次回路的电压值。

解　1）互感器的变比值 $K_{Un} = \dfrac{N_1}{N_2} = \dfrac{50000}{500} = 100$。

2）二次额定电压折算到一次回路电压值

$$U_2' = K_{Un} U_2 = 100 \times 100 = 10000(\text{V}) = 10(\text{kV})$$

（3）额定二次负载。电压互感器的负载是指二次回路所接的测量仪表、连接导线、继电保护装置及回路接点总功率损耗的总和。负载通常以视在功率（单位：VA）表示，并以额定二次电压为计算基准。根据 GB 1207—2006《电磁式电压互感器》，在功率因数为 0.8（滞后）时，其输出标准值有 10、15、25、30、50、75、100、150、200、250、300、400、500VA。对三相互感器，其额定输出是指每相的额定输出。电压互感器额定负载容量 S_n 与额定负载导纳 Y_n 之间的关系可表示为

$$S_n = U_{2n}^2 Y_n$$

对于电力系统用的一般电压互感器，额定二次电压 $U_{2n} = 100V$，因此也可表示为

$$S_n = 100^2 Y_n$$

由此可见，电压互感器的二次输出容量与二次电压平方及二次负载导纳的乘积成正比。

【例3-2】 电压互感器的额定二次电压为 100V，额定二次负载容量为 200VA，求其额定二次负载导纳。当实际二次电压为额定二次电压的 80% 时，电压互感器的二次输出容量变为多大？

解 1）因为 $S_n = U_{2n}^2 Y_n$，有

$$Y_n = S_n/U_n^2 = S_n/100^2 = S_n \times 10^{-4} = 200 \times 10^{-4}(S)$$

2）当 $U_2 = 80\%U_{2n}$ 时，有

$$S = U_2^2 Y_{2n} = (80\%)^2 \times 100^2 \times 200 \times 10^{-4} = 128(VA)$$

（4）准确度等级。电压互感器的准确度等级是指在规定的一次电压和二次负载变化范围内，负载功率因数为额定值时，以最大变比误差和相角误差来区分的变比误差等级的百分限值。根据 JJG 314—2010《测量用电压互感器检定规程》规定，电压互感器准确度等级可分为 0.001、0.002、0.005、0.01、0.02、0.05、0.1、0.2、0.5、1 级，常用测量用互感器有 0.1、0.2、0.5、1 级，常用的标准电压互感器有 0.01、0.02、0.05 级等。

三、电压互感器的误差

由电压互感器的工作原理可知，电压互感器工作时存在损耗（铜损和铁损），绕组中产生阻抗压降，使电压互感器二次电压 $\dot{U}_2$ 折算到一次侧后（设为 $\dot{U}_2'$）与一次电压 $\dot{U}_1$ 大小不等，且存在相位差，即电压互感器存在着变比误差和相角误差。

1. 变比误差

电压互感器的变比误差又称比差，为折算到一次回路的二次电压与实际一次电压差值的百分限值，即表示为

$$f_U = \frac{U_2' - U_1}{U_1} \times 100\% = \frac{K_{UN}U_2 - U_1}{U_1} \times 100\% \tag{3-5}$$

式（3-5）分子、分母同除以 U_2，可得

$$f_U = \frac{K_U - U_1/U_2}{U_1/U_2} = \frac{K_{UN} - K_U}{K_U} \times 100\% \tag{3-6}$$

根据式（3-6）可以看出，比差反映的是额定变比与实际变比之间的差异程度。电压互感器的准确度是以额定电压下的比差来表示的。一般情况下，比差相对较小（$f_U < 1\%$）。

2. 相角误差

旋转 180° 后的二次电压相量（$-\dot{U}_2'$）与一次电压相量（$\dot{U}_1$）的相位差（δ_U）称为电压互感器的相角误差，简称角差。规定当 $-\dot{U}_2'$ 超前 $\dot{U}_1$ 时为正值，如图3-7所示，反之则为负值。在一般情况下，角差也相对较小（$\delta_U < 2°$）。

3. 电压互感器运行参数对误差的影响

电压互感器工作时的一次电压、二次负载及其功率因数等运行参数偏离额定值时，将对电压互感器的误差产生影响。

（1）一次电压对误差的影响。电压互感器的比差和角差与一次电

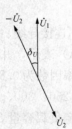

图3-7 电压互感器的角差示意图

压的关系如图3-8所示。电压互感器一次电压增大，铁芯磁通密度增加，磁导率和损耗角均增大。当电压进一步增大时，铁芯将趋向饱和，磁化曲线趋向平坦，磁导率下降，因此空载比差和角差随着一次电压的增大而减小并逐渐趋于平稳。因此，应该使电压互感器一次侧工作于额定电压下。

（2）二次负载对误差的影响。二次负载对误差的影响称为电压互感器的负载误差。当一次电压 $\dot{U}_1$ 不变时，随着负载电流即二次回路电流的增加，二次漏阻抗上的压降也将增加，从而引起输出电压下降，可推导出随着负载电流的增加，f_U 负误差增大，δ_U 正误差增大，其变化关系如图3-9所示。

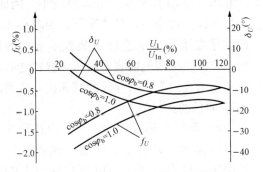

图3-8 电压互感器的电压特性　　　　图3-9 电压互感器的负载特性

二次负载对比差、角差产生影响是由于二次电流在绕组中产生的电压降所致。因此，限制绕组导线的电流密度，减小绕组的漏磁，以降低漏抗，是提高电压互感器准确度的有效措施之一。

1）单相电压互感器二次导线压降及其引起误差。电压互感器的负载电流通过二次连接导线时会产生压降，致使加在电能表电压线圈端子上的电压不再等于电压互感器二次绕组的端电压，从而产生了电能测量误差。该误差与二次负载大小、性质及接线方式有关。下面以单相电压互感器为例加以说明。

如图3-10所示，设单相电压互感器的二次电压为 $\dot{U}_2$，接有负载 Z_b（如电能表电压线圈的阻抗），此时有电流 $\dot{I}$ 流过二次回路，设每一根二次回路导线的电阻为 R，则二次回路导线上产生的电压为

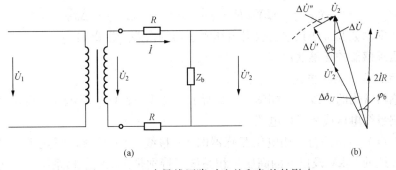

(a)　　　　　　　　　　(b)

图3-10 二次导线压降对比差和角差的影响

(a) 接线示意图；(b) 相量图

$$\Delta \dot{U} = \dot{U}_2 - \dot{U}'_2 = 2\dot{I}R$$

利用相量图分析可得，电阻 R 的存在使得电压互感器的比差和角差的改变量为

$$\Delta f_U = \frac{2IR\cos\varphi_b}{U_2} \times 100\% \qquad (3-7)$$

$$\Delta \delta_U = \frac{2IR\sin\varphi_b}{U_2} \times 3438' \quad \left(\frac{360 \times 60'}{2\pi} \approx 3438'\right) \qquad (3-8)$$

式中　φ_b——二次负载 Z_b 的阻抗角，一般接近 $90°$。

由式（3-7）和式（3-8）可得，二次仪表的阻抗角减小，则电压互感器的比差将增大，角差将减小；二次回路导线的电阻 R 减小，电压互感器的比差、角差都减小。因此，当二次仪表数量一定的情况下，为减小二次回路导线压降对电能计量装置准确度的影响，应尽量缩短电能表与电压互感器之间的距离或增大二次回路导线的截面积以达到减小 R 的目的。

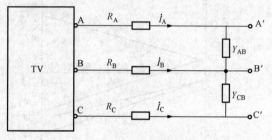

图 3-11　电压互感器接线图

2）负载 V 形接法时，二次回路导线压降及其误差。设电压互感器二次负载为 V 形接法，只需计算负载电流在导线上的压降，对电源端电压互感器的接法不予考虑。电压互感器接线图如图 3-11 所示。

设 $R_A = R_B = R_C = R$，接在 $\dot{U}_{AB}$ 端的负载引起的压降为

$$\Delta \dot{U}_{AB} = \Delta \dot{U}_{AB} - \Delta \dot{U}'_{AB} = 2\dot{I}_A R + \dot{I}_C R \qquad (3-9)$$

由图 3-11 可知

$$\dot{I}_A = \dot{U}_{AB} Y_{AB}, \quad \dot{I}_C = \dot{U}_{BC} Y_{BC}$$

代入式（3-9）得

$$\Delta \dot{U}_{AB} = 2\dot{U}_{AB} Y_{AB} R + \dot{U}_{BC} Y_{BC} R$$

相对于 $\dot{U}_{AB}$ 的二次压降，复数误差 $\Delta \dot{\gamma}_{AB}$ 为

$$\Delta \dot{\gamma}_{AB} = -(2Y_{AB}R + Y_{BC}Re^{j60°}) = \Delta f_{AB} + \Delta \delta_{AB}$$

同理，可以求出相对于 $\dot{U}_{BC}$ 的二次压降复数误差 $\Delta \dot{\gamma}_{BC}$

$$\Delta \dot{\gamma}_{BC} = -(2Y_{BC}R + Y_{AB}Re^{-j60°}) = \Delta f_{BC} + \Delta \delta_{BC}$$

此外，负荷功率因数及工作频率也会对电压互感器的误差产生影响。

四、电压互感器的正确使用

1. 电压互感器的接线方式

电压互感器常用的接线方式如图 3-12 所示。图 3-12（a）所示为一台单相电压互感器的接线，可测量线电压或相对地电压。

图 3-12（b）所示两台单相电压互感器的 Vv 接线。Vv 接线广泛用于中性点不接地或经消弧线圈接地的 35kV 及以下的高压三相系统，特别是 10kV 三相系统。因为，电压互感器一次绕组上承受的电压相量 $\dot{U}_{AB}$ 和 $\dot{U}_{CB}$ 及二次绕组输出的电压相量 $\dot{U}_{ab}$ 和 $\dot{U}_{cb}$ 在相量图中均接成 V 形，故称此种接线方法为 Vv 接线。这种接线既能节省一台电压互感器，又可测量三

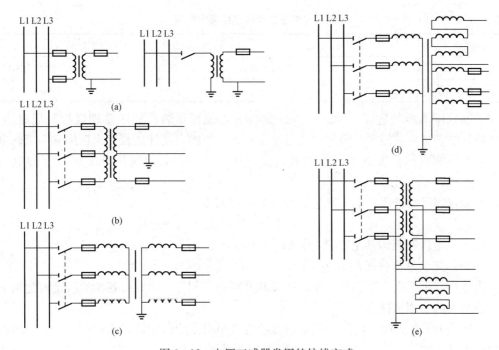

图 3-12 电压互感器常用的接线方式

（a）一台单相电压互感器接线；（b）两台单相电压互感器的 Vv 接线；
（c）三相三柱式电压互感器的 Yyn 接线；（d）三相五柱式电压互感器接线；
（e）三台单相电压互感器 YNyn 接线

相电能表和三相功率表所接的线电压。仪表电压线圈一般接于二次侧的 a、b 间和 c、b 间；缺点是不能测量相电压，不能接入监视系统绝缘状况的电压表。

图 3-12（c）所示为一台三相三柱式电压互感器的 Yyn 接线。Yyn 接线多用于小电流接地的高压三相系统，一般是将二次侧中性线引出，接成 Yyn0 接线，从过电压保护观点出发，常要求高压端不接地。这种接线的缺点是：①当二次负载不平衡时，可能引起较大的误差；②为了防止高压侧单相接地故障，高压侧中性点不允许接地，故不能测量对地电压。

图 3-12（d）所示为一台三相五柱式电压互感器的 YNyn 接线，即一次绕组及基本二次绕组接成星形，并把中性点引出接地，基本二次绕组可供测量线电压、相电压和保护用；辅助二次绕组接成开口三角形，供接地保护和接地信号继电器用，用于 3～10kV 系统。

图 3-12（e）所示为三台单相电压互感器构成三相电压互感器组的 YNyn 接线，这种接线方式广泛用于 110kV 及以上系统。基本二次绕组可供测量线电压、相电压和保护用，辅助二次绕组接成开口三角形，可供单相接地保护用。

2. 电压互感器的选择

（1）额定电压的选择。电压互感器一次绕组的额定电压应满足

$$0.9U_x < U_{1n} < 1.1U_x$$

式中 U_x——被测电压，kV；

U_{1n}——电压互感器一次绕组的额定电压，kV。

电压互感器二次绕组的额定电压可按表 3-1 选择。

表 3-1 电压互感器二次绕组的额定电压

绕组名称	二次绕组		辅助二次绕组	
一次侧接线方式	一次侧接入线电压	一次侧接入相电压	中性直接接地	中性点经消弧线圈接地
额定二次电压（V）	100	$100/\sqrt{3}$	100	100/3

（2）准确度等级的选择。DL/T 448—2000《电能计量装置技术管理规程》规定，Ⅰ、Ⅱ类电能计量装置应选用 0.2 级的电压互感器；Ⅲ、Ⅳ类电能计量装置应选用 0.5 级的电压互感器；在电能表校验装置中或校验普通型电压互感器时，应选用 0.1 级以上的电压互感器。

（3）额定容量的选择。电压互感器额定容量应满足

$$0.25S_n < S < S_n \qquad (3-10)$$

式中 S_n——电压互感器额定容量，VA；

S——二次总负载视在功率，VA。

应当注意，由于电压互感器每相二次负载并不一定相等，因此，各相的额定容量均应按二次负载最大的一相选择。

（4）按线方式的选择。电压互感器的按线方式可根据线路的情况选择图 3-12 所示的任一种接线方式。对于 35kV 及以下小电流接地系统的三相三线线路，一般采用 Vv 接线、Yyn 或 YNyn 接线。对于 110kV 及以上大电流接地系统和三相四线系统一般采用三台单相电压互感器构成三相电压互感器组合的 YNyn 接线。

根据供电营业规则规定的"装设在 63kV 以下计量点的计费电能表应设置专用互感器，不得与保护、测量等回路共用"，在计费用的电能计量装置接线中不得接入其他非计量仪表。

（5）电压互感器二次回路导线截面积的选择。电压互感器二次回路的负载电流通过连接导线时会产生电压降，这样加在负载上的电压就不等于电压互感器二次绕组的端电压，二次绕组端电压在数值上和相位上发生了变化，从而产生了电压、功率和电能的测量误差。DL/T 448—2000 规定，Ⅰ、Ⅱ类用于贸易结算的电能计量装置中，电压互感器二次回路导线压降应不大于其额定二次电压的 0.2%，其他电能计量装置中电压互感器二次回路导线压降应不大于其额定二次电压的 0.5%。根据规程要求，可计算出不同接线方式下二次回路导线截面积与压降的关系，以选择符合要求的导线。

3. 电压互感器使用注意事项

（1）电压互感器的额定电压、变比、容量、准确度等级等应选择适当，否则将影响测量结果的准确性。

（2）使用前应进行检查。在投入使用前应按规程规定的项目进行检查与试验，如核对相序、测定极性和联结组标号等。

（3）电压互感器二次侧应设保护接地。为防止电压互感器一、二次绕组间绝缘击穿，高电压窜入低压侧造成人员伤亡或设备损坏，电压互感器二次侧必须可靠接地。

（4）运行中二次侧不允许短路。由于电压互感器正常运行时二次侧所接负载阻抗很大，二次电流很小，相当于开路；当二次侧短路时，负载阻抗接近于零，二次电流急剧增大，会造成熔断器熔断，引起很大的计量误差，甚至还可能烧毁电压互感器，严重的会造成一次绕组绝缘性能破坏，一次绕组短路，影响电力系统的安全运行。由此，在电压互感器运行时，

严禁二次侧短路。

第二节 电容式电压互感器

由于电磁式电压互感器为感性阻抗，故在进行投切空载母线、线路等运行操作时，可能会导致铁磁谐振过电压。避免铁磁谐振的有效途径是改善电磁式电压互感器的伏安特性，提高伏安特性的拐点电压。这样做尽管可限制铁磁谐振，但无法从根本上避免谐振的发生，但采用具有容性阻抗的电容式电压互感器（TVC），可消除谐振的根源。

一、电容式电压互感器的特点

在 110kV 及以上的高压电力系统中，通常采用电容式电压互感器作电压、功率测量，还可通过电容式电压互感器进行载波通信。电容式电压互感器有以下特点：

（1）误差调整方便、灵活，借助于补偿电抗器线圈和中压变压器一次绕组上的若干调节抽头来实现。调节抽头越多，误差调节越精确。

（2）绝缘可靠性高，耦合电容器耐雷电冲击能力强。电容式电压互感器较大的电容量可降低雷电波陡度，可靠地保护电气设备，且电容与系统连接不像电磁式电压互感器那样可能与断路器断口电容产生铁磁谐振，可确保系统安全可靠运行。

（3）电容式串压互感器为全密封结构，运行中不需要定期检修，维护工作量小，绝缘监测较容易，且价格较电磁式电压互感器低。

电容式电压互感器的运行可靠性比电磁式电压互感器高，但总费用却低，因此，电容式电压互感器成为 110kV 及以上电压互感器推广的方向。不过电容式电压互感器的误差受温度、电网频率的影响较大，其误差稳定性较电磁式电压互感器差。

二、电容式电压互感器的原理

电容式电压互感器的工作原理如图 3-13（a）所示。它由电容分压单元和电磁单元两部分组成，通过电容分压单元获得系统电压的分压，通过电磁单元实现一次绕组和二次绕组的隔离和电压的变换。图 3-13（b）为接线图。电容式电压互感器将系统一次电压 U_1 分压为中压 U_{C2}，U_{C2} 通常为几千伏，经中间变压器 TV 将 U_{C2} 变为标准电压值 $100/\sqrt{3}\,\text{V}$ 或 100V，供测量仪表和继电保护使用。电容式电压互感器可利用油断路器和电力变压器的电容式套管，或载波通信用的耦合电容器组成。

（1）分压电容 C_1、C_2。电容分压器由几个电容器串联组成。其中 C_1 为主分压电容，C_2

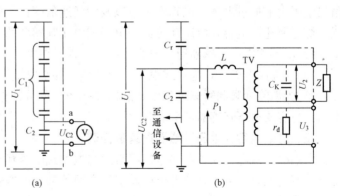

图 3-13 电容式电压互感器的工作原理
(a) 工作原理；(b) 接线图

C_1—主电容；C_2—分压电容；C_K—补偿电容；L—补偿电抗
r_d—阻尼电阻；TV—电压互感器；P_1—发电间隙

为测量分压电容，接在高压相线与地之间，用于分压、降压，以取得合理的中间电压。如果系统相电压为 U_1，则测量分压电容 C_2 上的电压为

$$U_{C2} = \frac{C_1}{C_1 + C_2} U_1 = KU_1$$

式中　　K——分压比，$K = \dfrac{C_1}{C_1 + C_2}$。

当 K 值一定时，测得 C_2 的电压 U_{C2} 就可得到 U_1。

（2）补偿电抗 L。补偿电抗器用于补偿分压电容的容抗、减小综合电抗，提高测量准确度。

补偿电抗可接在电容分压器和中间变压器之间，也可设在中间变压器的接地端。在选择补偿电抗器参数时，应使其工作点接近串联谐振点，并适当过补偿，一般情况下，补偿后剩余电抗应低于±5％的电容分压器容抗。

（3）中间变压器 TV。中间变压器将中间电压 U_{C2} 变换为标准的二次电压，二次绕组通常有两个或 3 个，其中 1 个或两个为二次相电压绕组，1 个为剩余电压绕组，电压分别为 $100/\sqrt{3}$ V 和 100V。

（4）铁磁谐振与暂态响应。电容式电压互感器的主要构成是电容器件和电感器件，而且电感器件为铁磁非线性电感器件，在系统电压作用下，可能产生铁磁性串联谐振。为抑制铁磁谐振，需装设阻尼器，阻尼器可以是电阻型、谐振型、速饱和型等，合理设计阻尼器参数，可有效抑制铁磁谐振，但会使误差增大、影响暂态稳定。

由于电容器的作用，当电网短路故障发生时，二次电压不能立即反映一次电压的变化，影响保护装置的正确动作，这就是电容式电压互感器的暂态响应问题。对于铁磁谐振和暂态响应，国家标准都作了限制规定。为改善暂态响应特性，应合理匹配分压电容、补偿电抗和中间变压器等各个参数。

阻尼电阻 r_d 和放电间隙 P_1，用于消除二次回路短路、断开及冲击作用下，可能产生的瞬态过电压，以防止补偿电抗电阻、中间变压器和分压电容的绝缘损坏，也可防止次谐波谐振引起的继电保护误动作。阻尼电阻接在中间变压器的二次侧，放电间隙与补偿电抗并联。阻尼电阻由谐振过电压、准确度等级以及载波通信等技术要求综合考虑确定。

综上所述，电容式电压互感器与电磁式电压互感器的不同点在于以下几个方面：

1）电容式电压互感器通过电容分压器接入，在电力系统中呈容性。

2）为提高准确度，电容式电压互感器接入补偿电抗，工作状态接近串联谐振。

3）为消除和限制暂态过程中铁芯饱和而产生的分次谐波，及补偿电抗和中间变压器过电压，电容式电压互感器需采取阻尼措施。

三、影响电容式电压互感器误差的因素

影响电容式电压互感器误差的因素除与电磁式电压互感器相同的因素外，电容式电压互感器特有的电容分压、补偿电抗以及阻尼电阻等都会影响电压互感器的误差。这里主要考虑其特有因素的影响。

（1）分压电容的影响。电压互感器的误差正比于分压电容的容抗，而容抗反比于电容量，因此，电容量增大，容抗减小，误差也相应减小。

（2）额定中间电压和额定电容分压比的影响。

1）额定中间电压与电容式电压互感器的误差成反比，提高中间电压，即可减小电容式电压互感器误差。

2）电容式电压互感器的阻抗与额定电容分压比有关，如果降低分压比，相当于降低中间电压，而中间电压的减小将导致电容式电压互感器的误差增大。合理选择分压电容 C_1、C_2 及分压比和补偿电抗，可减小电容式电压互感器的阻抗，达到中间变压器的最佳输入，进而减小电容式电压互感器的误差。

3）中间变压器可实现电压变换和误差补偿，可借助匝数的增减实现对比差的正负补偿，得到标准的二次电压值。

（3）电网频率的影响。电容式电压互感器的主要参数是电容和电感，其电抗值受电网频率的影响，当频率发生变化时，电压差也跟着变化，从而导致中间变压器的二次电压值和相位都产生误差。由于电网频率变化一般较小，对电容式电压互感器影响不是很大，但准确度等级越高，电网频率对电容式电压互感器的影响越大。

（4）环境温度的影响。电容器容抗对温度变化较为敏感，温度变化，容抗随着变化，相应引起电压降变化，也会导致中间变压器的二次电压数值和相位产生误差。当温度低于基准温度时，温度变化量为负值，电容量增大、容抗减小，附加误差为负值；反之，附加误差为正值。温度引起附加误差往往大于频率引起附加误差，特别是两者叠加所引起的电压误差较大，不可忽视。

四、减小电容式电压互感器误差的措施

由上述分析可知，要减小电容式电压互感器的误差可采取以下措施：

（1）增大励磁阻抗，即增大中间变压器的励磁阻抗，为此应适当提高分压电压，但受技术和经济条件限制，分压电压不能太高，一般为 $10\sim30kV$。

（2）降低工作磁通密度。磁通密度降低，励磁阻抗增大，但铁芯截面积增大将导致电压互感器体积增大，价格增高，所以一般限制磁通密度为 $2000\sim5000GS$。此外，应选择优质铁芯材料，以减小铁损和励磁电流。

（3）减小中间变压器导线截面积，减少线圈匝数，同时，增大谐振电抗器 Q 值 $\left(Q=\dfrac{\omega L_{\mathrm{K}}}{R_{\mathrm{K}}}\right)$，使 R_{K} 减小，从而减小负载误差。

（4）额定频率时，应尽量使补偿电抗、中间变压器与电容发生谐振。

（5）增大负载阻抗，减小负载电流，也可以达到减小误差的目的。

第三节 电磁式电流互感器

一、电流互感器的结构及原理

（1）电流互感器的结构。电流互感器（TA）的结构与电压互感器一样，也是由铁芯和绕组组成，绕组与绕组之间、绕组与铁芯之间都有绝缘介质。最简单的电流互感器包含一次绕组、二次绕组和铁芯各一个，这样的电流互感器就只有一个电流比。

电流互感器是一种电流变换装置。它将高压或低压线路中的大电流变成低压小电流（二次电流），供给测量仪表和继电保护装置。二次电流的额定值 I_{2n} 为 5A 或 1A。

（2）电流互感器的原理。电流互感器的工作原理与变压器基本相同。如图 3-14 所示，当一次绕组中有电流 $\dot{I}_1$ 通过时，由一次绕组磁动势 $\dot{I}_1N_1$ 产生的磁通大部分通过铁芯而闭合，在二次绕组中感应出电动势 $\dot{E}_2$，如果二次绕组接有负载（如电能表的电流线圈），二次

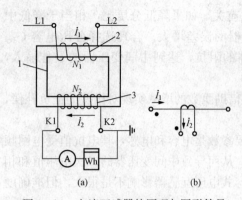

图 3-14　电流互感器的原理与图形符号

(a) 原理；(b) 图形符号

1—铁芯；2—一次绕组；3—二次绕组

绕组中就有电流 $\dot{I}_2$ 通过。二次绕组的磁动势 $\dot{I}_2 N_2$ 也产生磁通，其绝大部分也通过铁芯闭合。因此铁芯中的磁通是一个由一、二次绕组的磁动势共同产生的合成磁通 $\dot{\Phi}$，称为主磁通。根据磁动势平衡原理，可得到一、二次侧的磁动势平衡关系

$$\dot{I}_1 N_1 + \dot{I}_2 N_2 = \dot{I}_0 N_1 \qquad (3-11)$$

式中　$\dot{I}_0 N_1$——励磁磁动势。

若忽略铁芯中的能量损耗，可认为 $\dot{I}_0 N_1 = 0$，则

$$\dot{I}_1 N_1 + \dot{I}_2 N_2 = 0$$

$$\dot{I}_1 N_1 = -\dot{I}_2 N_2$$

这是理想电流互感器的一个重要关系式。其含义是一、二次电流大小与一、二次绕组的匝数成反比；负号表示相对于同名端一次电流与二次电流方向相反，如图 3-14（b）所示。理想情况下，定义电流互感器的额定变比为

$$K_{In} = \frac{I_{1n}}{I_{2n}} = \frac{N_2}{N_1} \qquad (3-12)$$

如果说变压器侧重的是功率变换，电压互感器侧重的是电压变换，那么电流互感器则侧重于电流变换，且运行中的电流互感器与变压器相比有以下不同：

1）电流互感器的一次电流不随二次负载变化，只取决于一次电路的电压和阻抗。

2）电流互感器二次电路的功耗随二次阻抗的增大而增加。

3）由于接到电流互感器的二次回路的仪表内阻都很小（如电能表的电流线圈等），因此其二次回路工作状态接近短路状态。

二、电流互感器的型号与参数

1. 电流互感器的型号含义

我国规定用汉语拼音字母组成电流互感器的型号，不同字母分别表示电流互感器的主要结构形式、绝缘类别和用途，如图 3-15 所示。选用时应按照说明书和铭牌上标明的参数合理选用。

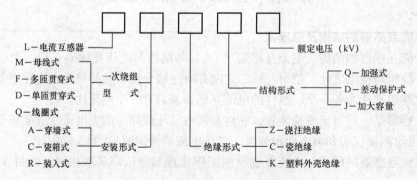

图 3-15　电流互感器的型号含义

如：LFC—10 型表示 10kV 多匝贯穿式瓷绝缘电流互感器。图 3-16 是户内高压 LQJ—10 型电流互感器的结构图，它有两个铁芯和两个二次绕组。图 3-17 是户内低压 LMZJ—0.5 型（500～800/5A）电流互感器的结构图。这种电流互感器俗称穿芯式电流互感器，它没有固定的一次绕组，穿过铁芯的母线就是一次绕组（相当于 1 匝），主要用于 500V 及以下的配电装置中。

2. 电流互感器的主要参数

在电流互感器的铭牌上，标有电压等级、一次和二次电流、准确度等级、额定容量（或额定负载）、安装方式、绝缘方式、极性标志等。

（1）额定变比。电流互感器额定变比（即电流比）K_{In} 就是额定一次电流 I_{1n} 与额定二次电流 I_{2n} 之比，其定义见式（3-12）。

额定一次电流标准值为 $\underline{10}$、12。5、$\underline{15}$、$\underline{20}$、25、$\underline{30}$、40、$\underline{50}$、60、$\underline{75}$A 以及它们十进位倍数或小数，有下标线的是优先值。额定二次电流的标准值有 1A、2A 和 5A，其中 5A 为优先值。

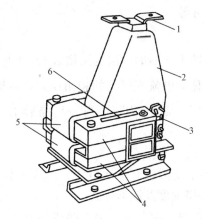

图 3-16 LQJ—10 型电流互感器的结构

1—一次接线端子；2—一次绕组（树脂浇注）

3—二次接线端子；4—铁芯；5—二次绕组；

6—警告牌（"二次侧不得开路"）

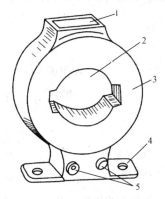

图 3-17 LMZJ—0.5 型电流互感器的结构

1—铭牌；2—一次母线穿孔；

3—内装铁芯、二次绕组，树脂浇注；

4—安装板；5—二次接线

（2）额定容量。电流互感器的额定容量 S_{2n}，就是额定二次电流 I_{2n} 通过额定二次负载（阻抗）Z_{2n} 时所消耗的视在功率，即

$$S_{2n} = I_{2n}^2 Z_{2n} \tag{3-13}$$

GB 1208—2006《电流互感器》规定，二次容量标准值有 2.5、5、10、15、20、25、30、40、50、60、80、100VA。

（3）额定电压，是指一次绕组长期能承受的最大工频有效值电压，通常用线电压表示，并注在型号的后面。如 LCW—35 型，指该电流经感器允许装在 35kV 线路上。

（4）准确度等级。电流互感器的准确度等级是在额定电流下所规定的最大允许电流误差百分数的标称值。电流互感器准确度等级有 0.001、0.002、0.005、0.01、0.02、0.05、0.1、0.2、0.5、1、3、5 级。0.1 级以上的电流互感器作为标准电流互感器使用，常用的测量用电流互感器准确度等级为 0.1、0.2、0.5 级和 1 级。宽量限的 S 级电流互感器的准确度等级有 0.2S 和 0.5S 级。

三、电流互感器的误差

1. 变比误差

只有当电流互感器在理想状态下运行即 $\dot{I}_0 = 0$ 时，式（3-12）才成立。但由于电流互感器空载电流不等于零，因此空载时必然要在其内部产生能量损耗，同时负载电流 $\dot{I}_2$ 也是变化的，故实际变比 $K_I = \dfrac{I_1}{I_2}$ 并不是常数。

电流互感器的变比误差，简称比差，定义为测量所得的二次电流乘以额定变比与实际一次电流之差，对实际一次电流的百分比，即

$$f_I = \frac{K_{In} I_2 - I_1}{I_1} \times 100\% \tag{3-14}$$

式（3-14）中分子、分母同除以 I_2，比差又可表示为

$$f_I = \frac{K_{In} - K_I}{K_I} \times 100\% \tag{3-15}$$

即比差为额定变比与实际变比之差对实际变比的百分数。

2. 相角误差

如图 3-18 所示，把旋转 180°后的二次电流相量（$\dot{I}'_2$）与一次电流相量（$\dot{I}_1$）之相位差（δ_I）称为电流互感器的相角误差，简称角差。一般规定：当 $-\dot{I}'_2$ 超前 $\dot{I}_1$ 时，则 δ_I 为正；当 $-\dot{I}'_2$ 滞后 $\dot{I}_1$ 时，δ_I 为负。

图 3-18 电流互感器的角差示意图

3. 影响电流互感器误差的主要因素

影响电流互感器误差的主要因素有一次电流、二次负载及其阻抗角 φ_b，另外还有频率、环境温度及波形等。

（1）一次电流的影响。电流互感器的比差、角差与一次电流的关系曲线如图 3-19（a）所示。由图可知，当一次电流较小时，磁导率低，空载电流所占比例较大，比差向负的方向增加，角差向正的方向增加；随着一次电流的增加，铁芯磁导率开始增加，比差开始向正的方向增加，角差开始向负的方向增加。即一次电流越接近一次电流额定值，比差和角差越趋近于零。因此，电流互感器应尽量在其额定电流下运行，这样可减少因一次电流给电流互感器带来的误差。

（2）二次负载的影响。当电流互感器和测量仪表间的连接导线不变时，电流互感器的二次负载阻抗 Z_b 的变化与其比差、角差的关系如图 3-19（b）所示。由图可知，二次负载阻抗增加（如二次仪表数量增多），比差向负方向增大，角差向正向增大。因而电流互感器所带负载一定不能超过其额定二次负载阻抗总值 Z_{2n}，否则电流互感器的实际准确度等级将下降，即误差会超过铭牌上标准的准确度等级允许的范围。

（3）负载功率因数的影响。电流互感器的比差和角差与二次负载功率因数角 φ_b 的关系如图 3-19（c）所示。比差 f_I 随 φ_b 按正弦曲线规律变化，角差 δ_I 随 φ_b 按余弦曲线规律变化。

（4）电流频率的影响。电流互感器的比差和角差也要受到频率改变的影响，但影响不大，如图 3-19（d）所示。一般 50Hz 的电流互感器，只要留有一定的误差裕度，并使铁芯

不处于饱和状态，就可以在 40～60Hz 的频率范围使用。

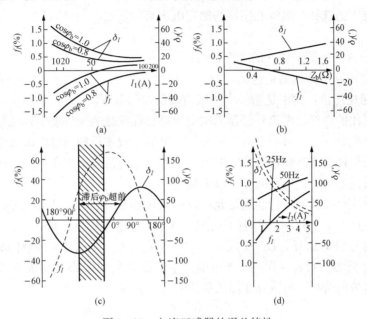

图 3-19　电流互感器的误差特性

（a）电流特性；（b）二次负载特性；（c）负载功率因数特性；（d）频率特性

四、电流互感器的正确使用

1. 电流互感器的接线方式

根据电能计量装置中电能表所需要的电流不同，电流互感器与电能表可有多种接线方式。下面介绍几种常用的接线方式。

（1）V 形接线。V 形接线又称不完全星形接线，如图 3-20（a）所示。由两台完全相同的电流互感器构成，其中一台接在 A 相，另一台接在 C 相。通过这样接线，可将这两相的大电流 $\dot{I}_A$、$\dot{I}_C$ 变换成二次侧的小电流 $\dot{I}_a$、$\dot{I}_c$，再接仪表、电能表的电流线圈。

（2）Y 形接线。Y 形接线又称完全星形接线，如图 3-20（b）所示。由三台完全相同的电流互感器构成。这种接线方式常用于高压大电流接地系统、发电机二次回路、低压三相四线电路。DL/T 448—2000《电能计量装置技术管理规程》中，将图 3-20（b）所示的接线方式列为三相四线系统标准接线方式。

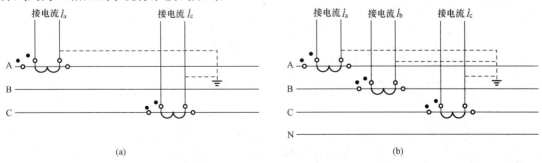

图 3-20　电流互感器的接线方式

（a）V 形分相接线；（b）三相 Y 形接线

2. 电流互感器的正确选择

（1）额定电压的选择。电流互感器的额定电压必须满足

$$U_x \leqslant U_n$$

式中　U_x——电流互感器安装处的工作电压；

　　　U_n——电流互感器的额定电压，指一次绕组对地或对二次绕组长期能承受的最大绝缘电压值，而不是指一次绕组两端所加的电压。

（2）额定变比的选择。电流互感器二次电流都已标准化为 1A 或 5A，故选择额定变比，实际上就是选择额定一次电流。电流互感器一次电流一般按长期通过电流互感器的最大工作电流来选择。为保证电流互感器有良好的电流特性，不应使其工作在额定一次电流的 1/3 以下，应尽量使其在额定一次电流的 2/3 以上运行。

一次额定电流是按长期运行能满足允许发热条件确定的。我国已对额定一次电流规定了系列化标准值，从 0.1～25000A 都有不同规格的电流互感器可供选择。

（3）准确度等级的选择。DL/T 448—2000 规定，对Ⅰ、Ⅱ类电能计量装置，应选用 0.2S 级的电流互感器，对Ⅲ、Ⅳ、Ⅴ类电能计量装置应选用 0.5S 的电流互感器。

（4）额定容量的选择。电流互感器的额定容量应满足

$$0.25S_{2n} \leqslant S_2 \leqslant S_{2n} \qquad (3-16)$$

式中　S_{2n}——电流互感器的额定容量，VA；

　　　S_2——电流互感器的二次总负载视在功率，VA。

3. 电流互感器的使用注意事项

（1）极性连接要正确。电流互感器一般是按减极性标注的，即 $\dot{I}_1$、$\dot{I}_2$ 相对于两个绕组的同名端瞬时方向恰好相反。一次电流从同名端流入电流互感器时，二次电流从同名端流出电流互感器，这样的极性称为减极性。如果电流互感器的极性连接不正确，不仅会造成计量错误，而且当同一线路有多个电流互感器并联时，还可能造成短路事故。为了不发生接线错误，其极性标志规定为：

1）单变比电流互感器，一次绕组出线端首端标为 P1，末端标为 P2；二次绕组出线端首端标为 S1，末端标为 S2，如图 3-21（a）所示。

2）对多量限一次绕组带抽头时，首端为 P1，自第一个抽头起依次标为 P2，P3……二次绕组带有抽头时，首端标为 S1，自第一个抽头起以下依次标志为 S2，S3，……如图 3-21（b）所示。

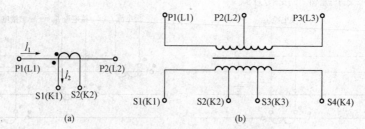

图 3-21　单变比和多抽头电流互感器
(a) 单变比电流互感器；(b) 多抽头电流互感器

（2）运行中的电流互感器严禁开路，否则会造成如下后果：

1）二次侧出现高电压，危及人身和仪表的安全。因二次绕组开路时 $\dot{I}_2=0$，磁动势平衡关系变为 $\dot{I}_1 N_1=\dot{I}_0 N_1$，这时，二次电流的去磁作用消失，一次电流 $\dot{I}_1$ 全部用于励磁，使铁芯中的磁感应强度急剧增加而达到饱和状态，磁通 $\dot{\Phi}$ 的波形为平顶波，感应电动势则呈尖顶波，加上二次绕组匝数较多，故二次侧开路后会产生不允许的高压，有时可达 10kV 以上，危害人身及设备安全。

2）出现不应有的过热，可能烧坏线圈绕组。这是因为开路后铁芯内磁通密度增加，铁芯损耗增加造成的。

3）误差增大。因为磁密增加后，铁芯中的剩磁增加，造成磁滞曲线不可逆转，从而使电流互感器的误差变大。

（3）电流互感器的二次回路应设保护性接地点。为防止一、二次绕组绝缘击穿时，高电压窜入低电压侧危及人身和仪表安全，其二次回路应设保护性接地点，且接地点只允许有一个，一般是经靠近电流互感器端子箱内的接地端子接地。

（4）用于电能计量的电流互感器，其二次回路不应接入继电保护和自动控制等装置，以防互相影响。

第四节 电子式互感器

传统的电磁式电流互感器和电压互感器都存在磁饱和、铁磁谐振、动态范围小、暂态特性差等缺点，且随着系统容量的增大、电压等级的提高，电磁式互感器绝缘结构复杂、体积庞大等问题，也使保护、控制功能很难实现集成化；同时，电磁干扰、射频干扰，会严重影响通信的可靠性。

为满足现代电力系统容量大、电压等级高、输变电设备集约化、控制保护设备电子化、智能化的需求，承担向保护、测量、控制设备提供电流、电压信息任务的电流互感器和电压互感器，必须向小型化、轻型化发展。近几年，电子式互感器应运而生，包括光学互感器、空芯线圈互感器、感应式低功率变流器和分压式互感器等。

一、电子式互感器的特点

在电力系统中，将电磁式电流互感器、电压互感器及电容式电压互感器统称为传统互感器。电子式互感器具有传统互感器的全部功能。两者除原理、结构不同外，在性能上，特别是暂态性能、绝缘性能方面有较大区别：

（1）电子式互感器无磁饱和现象。传统的电流互感器在运行中系统发生短路时，在强大的短路电流作用下，断路器跳闸，或在大型变压器空载合闸后，互感器铁芯将保留较大剩磁，铁芯饱和严重，这将使二次电流不能正确反映一次电流，保护拒动或误动。而电子式互感器的光学互感器、空心线圈电流互感器没有铁芯，不存在饱和问题。

（2）电子式互感器对电力系统故障响应快。电子式互感器线性度、动态特性好，可以满足微机保护中利用暂态信号作为保护判断参量的需要。

（3）电子式互感器无铁磁谐振，抗干扰能力强。传统的电磁式电压互感器呈感性，与断路器容性端口会产生电磁谐振；电容式电压互感器，在一次侧合闸操作或一次侧短路及二次侧短路并消除故障时，产生的瞬态过程可能激发稳定的次谐波或谐振，从而导致补偿电抗器和中间变压器绕组击穿。而电子式互感器没有构成电磁谐振的条件，其抗电磁干扰力强。

（4）绝缘性能好。随着电压等级的提高，电子式互感器绝缘相对简单，高压侧与地电位侧之间的信号传输，采用玻璃纤维绝缘材料，体积小、质量小（光学电流互感器传感头本身的重量一般小于1kg）、绝缘性能好，避免了电磁式互感器用油做绝缘材料，有爆炸危险，且体积大、质量大的缺陷。

（5）电子式互感器使计量与保护数字化。电子式互感器能够直接提供数字信号给计量、保护装置，有助于二次设备的系统集成，加速整个变电站的数字化和信息化进程。

（6）电子式传感器动态范围大。随着电力系统容量增加，短路故障时，短路电流越来越大，可达稳态电流的20～30倍以上。电子式电流互感器有很宽的动态范围，光电式互感器和空心线圈电流互感器的额定电流为几十安到几十万安。一个电子式互感器可同时满足计量和保护的需要。

（7）电子式传感器频响范围宽。光电式互感器、空心线圈电流互感器的频率响应均很宽，可以测出高压电力线上的谐波，还可以进行暂态电流、高频大电流与直流电流的测量；而电磁式互感器传感头由铁芯构成，频响很低。

（8）电子式传感器经济性好。随着电力系统电压等级的增高，传统互感器的成本成倍上升；而电子式互感器在电压等级升高时，成本只是稍有增加。此外，电子式互感器可以组合到断路器或其他高压设备中，共用支撑绝缘子，可减少变电站的占地面积。

二、光学互感器

利用法拉第效应工作的光学互感器已开始工业试验，并应用于试验工程中。光学互感器分为光学电流互感器和光学电压互感器。

1. 光学电流互感器的原理及构成

光互感器的原理是将被测电信号转换为光信号，光信号沿光通道传输，经光电转换再变换为电信号，从而实现被测量的测量。2007年，我国互感器标准委员会完成了我国的电子式互感器标准，即 GB/T 20840.7—2007《互感器——第7部分：电子式电压互感器》和 GB/T 20840.8—2007《互感器——第8部分：电子式电流互感器》，标志着我国已经启动电子式互感器的推广应用。

（1）法拉第效应。1846年，法拉第发现在磁场的作用下，本来不具有旋光性的物质也产生了旋光性，即光矢量发生旋转，这种现象称为磁致旋光效应或法拉第效应。外部磁场 H 能在物质中产生回转矢量 G，而且回转矢量 G 与 H 成正比，即

$$G = \gamma H$$

式中 γ——物质常数，又称为磁致回转系数。

设磁场 H 在光传播方向的分量为 H_s，则

$$G_s = \gamma H_s$$

当线偏光通过置于磁场中的物质时，偏振面会发生旋转，如图3-22所示。物质的旋光能力为 ρ，其表达式为

$$\rho = \frac{\pi G_s}{\lambda n}$$

式中　λ——波长；

　　　　n——折射率。

当光通过物质的光程为 l 时，光偏振面的旋转角 θ 为

$$\theta = \rho l = \left(\frac{\pi}{\lambda n}\gamma\right)\frac{G_s}{\gamma}l = VH_s l \tag{3-17}$$

式中 $V = \dfrac{\pi}{\lambda n}\gamma$——Verdet 常数，定义为每单位光程、每单位场强的旋转角。

在一般情况下，Verdet 常数的符号这样规定：抗磁性物质为正值，顺磁性物质为负值，即

$$\theta = VH_s l$$

H_s 可由交变磁场产生，也可由恒定磁场产生。载流导体通以交变电流，其周围将有交变磁场。这时法拉第效应可描述为：线偏振光在电流产生的磁场作用下通过磁光材料时，其偏振面将发生旋转，旋转角 θ 正比于磁场强度 H 沿着线偏振光通过材料路径的线积分。若将光路设计成围绕电流导体绕 N 圈的闭合环路，根据全电流定律可得

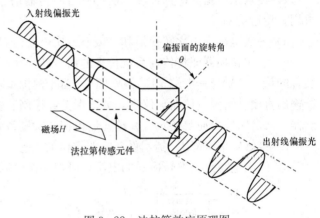

图 3-22　法拉第效应原理图

$$\theta = V\oint H \cdot \mathrm{d}\boldsymbol{l} = VNi \tag{3-18}$$

由此可见，电流与 θ 角成正比，测出 θ 便可求出电流 i；环路数 N 越多，测量灵敏度越高。

（2）光学电流互感器的原理。光学电流互感器是智能变电站一次设备的重要组成部分，它由传感头、光路部分（电源，光纤准直透镜，起、检偏器，耦合透镜和传输系统）、检测系统、信号处理系统等组成，如图3-23所示。

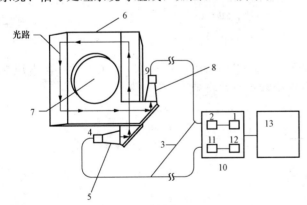

图 3-23　光学电流互感器的原理框图

1—LED光源驱动及温度控制；2—LED；3—传输光纤；
4—准直透镜（自聚焦透镜）；5—偏振棱镜（起偏器）；
6—传感头；7—载流导线；8—偏振棱镜（检偏器）；
9—耦合透镜；10—二次转换器；11—光电探测器；
12—解调电路；13—合并单元

传感头采用磁光材料（一般为磁光玻璃），做成围绕电流的闭合环形块状物体；传输系统采用光纤。由恒流源驱动一只中心波长为 850mm 的发光二极管（LED），提供一个恒定的光源，光通过光缆中的一根光纤从控制室传输到现场高压区，经过准直透镜准直后成为平行光束，再经起偏器变为线偏振光入射进传感头。光在传感头内绕导体一圈，在电流磁场作用下，光的偏振面将发生旋转。出射光经检偏器检偏后，再经耦合透镜耦合进入光缆中的另一根光纤传输至二次转换器，再连接合并单元，合并单元的数字输出口可接计量、保护自动装置等。

（3）光学电流互感器的构成。光学电流互感器的原理框图如图3-24所示。图中各部分作用如下：

1）一次端子 P1、P2 是被测电流通过的端子。

2）一次电流传感器指电气、电子、光学或其他装置，产生与一次端子通过电流相对应的信号，直接或经过一次转换器传送给二次转换器。

3）一次转换器将来自一个或多个一次电流传感器的信号转换成适合于传输系统的信号。

4）传输系统指一次部件和二次部件之间传输信号的短距或长距耦合装置，传输系统也可用以传送功率。

5）一次电源指一次转换器和（或）一次电流传感器的电源（可以与二次电源合并）。

6）二次转换器能将传输系统传来的信号转换为供给测量仪器、仪表和继电保护或控制装置的量，该量与一次端子电流成正比。对于模拟量输出型的电子式电流互感器，二次转换器输出直接供给测量仪器、仪表和继电保护或控制装置。对于数字量输出型的电子式电流互感器，二次转换器通常接至合并单元后再接二次设备。

7）维修申请（MR）指示设备需要维修的信息。

8）二次电源是二次转换器的电源，可与一次电源或其他互感器的电源合并。

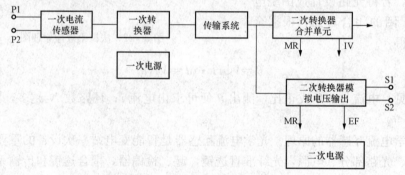

图 3-24　光学电流互感器的原理框图

IV—输出无效；EF—设备失败；MR—维修申请

2. 光学电压互感器的构成

光学电压互感器的通用框图如图 3-25、图 3-26 所示。光学电压互感器的一次电压端子有一个直接接地，或三相电压互感器一次中性点直接接地。

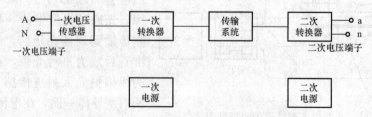

图 3-25　单相光学电压互感器的通用框图

图中各部分作用如下：

1）一次电压端子是将一次电压施加到光学电压互感器的端子。

2）一次电压传感器是电气、电子、光学或其他装置，产生与一次电压端子所加电压相

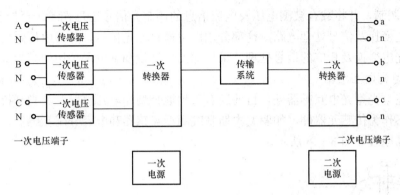

图 3-26 三相光学电压互感器的通用框图

对应的信号，直接或经过一次转换器传送给二次设备。

3）一次转换器的作用是将来自一个或多个一次电压传感器的信号转换成适合传输系统传输的信号。

4）一次电源是一次转换器和（或）一次电压传感器的电源（可与二次电源合并）。

5）传输系统的组成与功能和光学电流互感器相同。

6）二次转换器的作用是将传输系统传来的信号转换为传送至测量仪器、仪表和继电保护或控制装置的量，该量与一次端子电压成正比。

7）二次电源是二次转换器电源（可以与一次电源合并）。

8）二次电压端子是用以向测量仪表和继电保护或控制装置的电压电路供电的端子。

3. 组合式光学互感器

按照 GB 17201—2007《组合互感器》的定义，组合互感器由电压互感器和电流互感器组装在同一外壳内构成。目前，组合互感器有几种典型形式，包括由光学电压互感器和光学电流互感器组装而成的组合式光学互感器；由空心线圈与分压传感器组合而成组合互感器。组合互感器用一套结构部件传输被测电压和电流信息，减少了占地面积，节省了器材，可快速方便地得到电压、电流和电能的信息。

组合式光学互感器的简称，目前还未统一，ABB 公司称其为 OMU（光学计量单元），AL-STHOM 公司称其为 CCO，还有的企业称其为 COVCT。本书采用 OMU 这种称呼。图 3-27 所示为典型的 OMU 系统结构框图。

OMU 由以下三个主要部分构成：

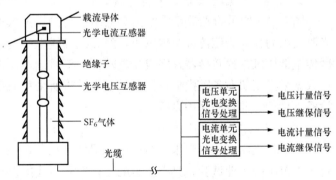

图 3-27 典型的 OMU 系统结构框图

（1）绝缘支柱。一般由充以 SF_6 气体的瓷绝缘子或硅橡胶复合绝缘子构成，用以保证互感器具有相应电压等级的绝缘水平。

（2）光学电压互感器和光学电流互感器。它们是 OMU 的核心部分，其作用是将被测电压/电流进行调制，并将载有被测电压及电流信息的调制光信号通过光缆送至控制室。

（3）光电变换及信号处理电路。这部分用以发送直流光信号，并对由传感器来的调制光信号进行光电变换及相应的信号处理，最后输出供计量和继电保护用的模拟或数字信号。

4. 混合型光电互感器

除了上述全光型光电互感器外，目前还有一种混合型光电互感器，其光纤仅作为信号传输装置，而不作为传感元器件，如罗戈夫斯基线圈型互感器和电容分压互感器。混合型光电互感器的工作原理如图 3-28 所示。

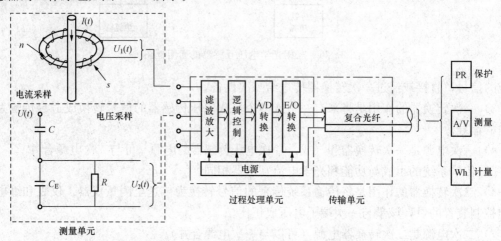

图 3-28　混合型光电互感器的工作原理

将取自罗戈夫斯基线圈的电流信号和取自电容分压器的电压信号经 A/D 转换和 E/O（电/光）转换，再经数据处理系统转换为保护装置或测量仪器所需的电流或电压输入信号。混合型光电互感器的绝缘结构简单，体积小，质量轻，无铁磁饱和问题，可靠性、灵敏度高，测量范围大，具有一定的发展前景；最大的问题是需要辅助电源，辅助电源可用辅助互感器构成，并辅以备用电池。

5. 光学互感器在变电站的运行模式

图 3-29 所示为光学互感器在变电站运行的一般模式。传感头位于绝缘套管的高压区。光源发出的光经光缆传输至传感头，经高压导线电流或电压调制后，光信号又经光缆从高压区传至低压区二次转换器，完成光电转换、信号调理，再进入合并单元。合并单元的同步高速数据采集模块对各路模拟量进行采集，并将所采集的数据以串行方式传输到间隔层的二次设备（计量、监控和保护设备）。

6. 光学互感器的应用前景

目前，光学互感器尚未普遍采用，国外已在 123、170、345、420kV 和 525kV 系统中进行了大范围的工业试验，具有一定的运行经验，我国也在 10、110、220kV 和 500kV 等系统中进行了试验。

有关光学互感器的几个关键问题都已解决，如产生和分析光信号的电子设备故障间隔平均时间不少于 30 年的问题；输出参数要求 100V、5A 或 1A，与传统二次保护、测量设备兼容的问题等；而且，传统的二次保护和检测设备已逐步被新型的电子设备所取代；有关光学互感器的国际标准已颁布实施。这些都为光学互感器的广泛应用提供了十分有利的条件。

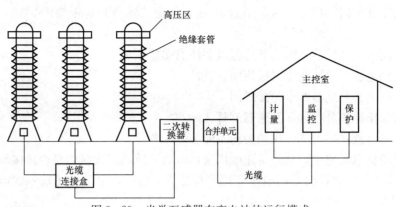

图 3-29 光学互感器在变电站的运行模式

三、其他类型的电子式互感器

应用于现代配电装置中的互感器,除光学互感器外还有以下几种。

1. 空芯线圈互感器

这种互感器由非磁性骨架和绕在其上的二次绕组构成。二次绕组的输出信号使用铜导线传输,也可直接输出光信号,但在高压端一次变换中需要电源。该类互感器具有线性度好,不会饱和,无磁滞现象;稳定性高,暂态性好等特点。这种互感器目前仅用于开关柜内或 GIS 设备中。

2. 感应式低功率变流器

这种变流器属于铁芯式电流互感器,只是其铁芯采用高磁通密度玻莫合金或非晶体合金材料制成,具有输出功率低、测量范围广、精度较高的特点。

感应式低功率变流器的组成部分包括一次绕组、铁芯、二次绕组和分流电阻,其原理如图 3-30 所示。因为铁芯尺寸小,二次绕组损耗小,对互感器的功耗趋近于零。二次电流在分流电阻上的电压降为互感器的输出电压,其幅值和相位正比于一次电流。

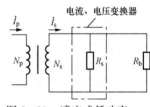

图 3-30 感应式低功率变流器原理图

3. 分压式互感器

分压式互感器与常规的电容式互感器原理基本相同,都是通过分压电容取得互感器一次输入电压。该类互感器的输出容量均较小,主要应用于功耗较小的中压开关柜或 GIS 中的保护装置和检测仪表。它由电子式电流/电压互感器将所测得的电信号经过过程处理单元,将测得的电流/电压信号进行模拟滤波及增益调整,再送入 A/D 转换电路,经控制电路和 E/O 转换器转换成光信号,通过光纤传送至测控保护装置。

总之,空芯线圈互感器、感应式低功率互感器和分压式互感器等都属于低功率互感器,其输出电压低、电流小,目前只用于中压开关柜内和 GIS(或 PASS)配电装置中的电子式保护和测量装置。

 习 题

3-1 电压互感器和电流互感器的作用是什么?

3-2　电压互感器的额定二次电压为 100V，额定二次负载容量为 150VA，求其额定二次负荷导纳。

3-3　使用电压互感器和电流互感器时要注意哪些事项？

3-4　画出电压互感器的常见接线图。

3-5　画出电流互感器的常见接线图。

3-6　按工作原理分，电压互感器有哪几种？

3-7　阐述电流互感器的二次侧为何不能装熔断器。

3-8　低压供电线路中，从防雷角度出发，电流互感器二次绕组是否该接地？

3-9　10kV 线路将两台单相电压互感器接成 Vv 接线，电压互感器一次电压为 10kV，二次电压为多少？

3-10　额定二次负荷为 12.5VA 的电流互感器，其二次回路负载不能超过多少欧？

第四章　电能计量装置的接线及配置

教学要求

　　掌握各类电能计量装置的正确接线和常见错误接线方式，以及电能计量装置的准确度等级、安装地点等配置原则。注意，本章讨论的接线方式以机械式电能表为例，但同样适用于电子式电能表，不同的地方文中做了相应说明。

第一节　电能计量装置的正确接线

　　正确接线是电能计量装置准确计量的保证。由于实际供电线路分为单相、三相四线和三相三线三种线制，与之配套的计量装置也分为三大类。实际电能表还有测量有功电能还是无功电能以及是否带互感器的差异，因此电能计量装置的接线方式很多。单相、三相四线、三相三线供电的用户应该分别采用不同接线方式计量用电量。

一、单相电能表的正确接线及计量原理

1. 直接接入式接线

　　直接接入式又称直通式，这种接线方式常用于单相供电的居民客户。如 DD702 型单相电能表在居民用电计量中应用广泛。其接线方式是：电流线圈与负载串联，电压线圈与负载并联；电压线圈同名端与对应的电流线圈同名端共同接在电源侧，只有这样才能保证电能表正向计量，如图 4-1 所示。如果从电源到电能表叫"进"，从电能表到负载叫"出"，则图 4-1 中电能表的接线方法可称为"1、3 进，2、4 出"。

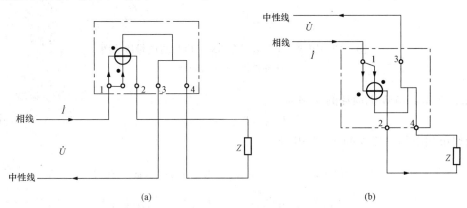

图 4-1　单相电能表直接接入式接线图
(a) 普通单相电能表；(b) 上进下出式单相电能表

　　图 4-1（a）所示是普通单相电能表的正确接线图。图 4-1（b）中是一种可以防止出现短接电流的特殊单相电能表，由于其 1、3 端在电能表的上方，2、4 端在电能表的下方，所以这种电能表也叫"上进下出"式单相电能表。我国单相电能表的额定电压一般为 220V，

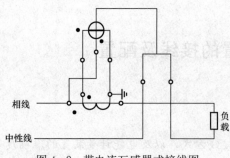

图 4-2　带电流互感器式接线图

直通式接线的单相电能表额定电流目前最大可达 100A。

　　2. 带电流互感器式接线

　　对于实际电流大于 100A 单相用电的客户，理论上可以采用带电流互感器的接线方式进行电能测量，图 4-2 是其接线图。但实际上这种接线方式并不常用，而是将该客户改为三相四线电路供电，将单相负荷平均分配到三相，三相四线电能表采用直接接入式，见本书"三相四线有功电能表的正确接线"部分。

　　3. 两表式接线

　　当要计量额定电压为 380V 用电设备（例如单相电焊机）的有功电能，而又没有额定电压为 380V 的有功电能表时，可采用两块 220V 单相电能表按图 4-3（a）所示方式接线。此用电设备消耗的有功电能为两只单相电能表读数的代数和，其正确性可用相量图 4-3（b）加以说明。

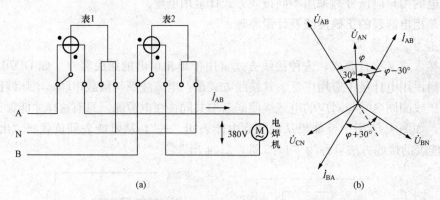

图 4-3　用两块单相表计量 380V 电焊机电量接线图

(a) 接线图；(b) 相量图

图 4-3 中，电焊机消耗的功率为

$$P_{AB} = U_{AB} I_{AB} \cos\varphi \qquad (4-1)$$

两块单相电能表反映的功率分别为

$$P_1 = U_{AN} I_{AB} \cos(\overset{\frown}{\dot{U}_{AN} \dot{I}_{AB}}) = U_{AN} I_{AB} \cos(\varphi - 30°)$$

$$P_2 = U_{BN} I_{BA} \cos(\overset{\frown}{\dot{U}_{BN} \dot{I}_{BA}}) = U_{BN} I_{BA} \cos(\varphi + 30°)$$

因为 $U_{AN} = U_{BN}$，$I_{AB} = I_{BA}$，$U_{AB} = \sqrt{3} U_{AN}$，所以，两只单相电能表反映的总功率为

$$P = P_1 + P_2 = U_{AN} I_{AB} [\cos(\varphi - 30°) + \cos(\varphi + 30°)]$$

$$= U_{AN} I_{AB} (\cos\varphi\cos30° + \sin\varphi\sin30° + \cos\varphi\cos30° - \sin\varphi\sin30°)$$

$$= \sqrt{3} U_{AN} I_{AB} \cos\varphi = U_{AB} I_{AB} \cos\varphi = P_{AB}$$

与式（4-1）相比可见，两只单相电能表反映的功率之和恰好是单相电焊机消耗的有功功率。

电焊机的自然功率因数一般为 $0.1\sim0.3$，因此其阻抗角 $\varphi\approx73°\sim84°$，这样第二块单相电能表反映的功率 $P_2<0$，电能表读数为负。那么，求两表读数之和时，P_2 以负数代入。如：表 1 正向计 60kWh，表 2 反向计 20kWh，则电焊机消耗的电能应为 60kWh + (−20kWh) = 40kWh。还可采用额定电压为 380V 的三相三线有功电能表代替上述两块单相电能表进行电能计量。

二、三相四线有功电能表的正确接线及注意事项

电能表正确接线时，反映的功率应该是负载所消耗的功率。也就是说只要三相四线有功电能表计量的功率与三相负载消耗的有功功率相等，则接线就是正确的。三相负载消耗的有功功率是

$$P_{3\phi}=U_A I_A\cos\varphi_A+U_B I_B\cos\varphi_B+U_C I_C\cos\varphi_C \tag{4-2}$$

当三相电压对称，即 $U_A=U_B=U_C=U_p$ 时，有

$$P_{3\phi}=U_p\left[I_A\cos\varphi_A+I_B\cos\varphi_B+I_C\cos\varphi_C\right] \tag{4-3}$$

当三相电路对称，即 $U_A=U_B=U_C=U_p=\dfrac{U_l}{\sqrt{3}}$，$I_A=I_B=I_C=I_l$，$\varphi_A=\varphi_B=\varphi_C=\varphi$ 时，有

$$P_{3\phi}=3U_p I_p\cos\varphi=\sqrt{3}U_l I_l\cos\varphi \tag{4-4}$$

式中　U_p、U_l——相电压、线电压，V；

　　　I_p、I_l——相电流、线电流，A；

　　　$P_{3\phi}$——三相负载总的有功功率，W。

常见的三相四线有功电能表型号有 DT1、DT2、DT10、DT864 等，它们的共同特点是有三个规格相同的驱动元件。三相四线有功电能表接线方式较多，主要有以下几个。

1. 直接接入式（又叫直通式）接线

这种接线方式是第一元件接入 $\dot{U}_A$、$\dot{I}_A$，第二元件接入 $\dot{U}_B$、$\dot{I}_B$，第三元件接入 $\dot{U}_C$、$\dot{I}_C$，如图 4-4（a）所示。相量图如图 4-4（b）所示。这种接线方式下，三相四线有功电

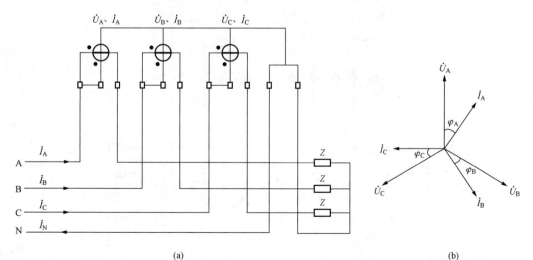

(a)　　　　　　　　　　　　　　　　　(b)

图 4-4　三相四线有功电能表直接接入式接线图和相量图

(a) 直接接入式；(b) 相量图

能表反映的功率为

$$P = P_1 + P_2 + P_3 = U_A I_A \cos\varphi_A + U_B I_B \cos\varphi_B + U_C I_C \cos\varphi_C$$

即三相四线电能表反映的功率就是三相负载消耗的有功功率，因此电能表的读数就是负载消耗的总有功电能。

2. 带电流互感器式接线

高供低计或低供低计部分客户采用三相四线制供电，负载一般包含动力和照明设备，其线路特点是低电压、大电流。若每相负载电流超过 100A，就会超过三相四线电能表的电流量程，因此必须接入电流互感器，将大电流变成小电流后再进电能表电流线圈。图 4 - 5 所示为经电流互感器接入的两种接线方式。

分表接线方式 [见图 4 - 5（a）] 一般用于低供低计三相四线供电客户。其特点是电压低，

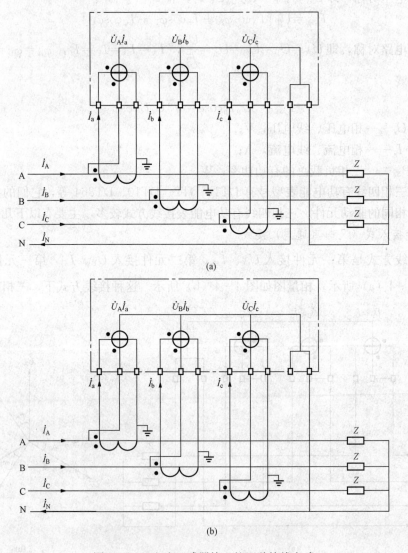

图 4 - 5　经电流互感器接入的两种接线方式

（a）分表接线方式；（b）总表接线方式

一般为 $3 \times \dfrac{380\text{V}}{220\text{V}}$，电流较大，需带三台电流互感器，且该套计量装置的出线处再无其他客户分表。而总表接线方式［见图 4-5（b）］一般用于高供低计三相四线供电线路，即公用变压器客户变压器低压侧计量装置的接线。与分表接线方式不同的是该套计量装置的出线处接有许多客户分表。

如果总表采用图 4-5（a）所示的接线方式，原理上是正确的；但若供电中性线从电能表接头处松开或断线，将会出现低压线路中性线断开，若三相四线负载不对称，必然导致负载中性点位移，使负载上承受的相电压不对称，即与额定值相比出现过电压或欠电压，轻者影响设备正常使用，重者将造成大面积设备烧毁。

因此，无论是分表还是总表，三相四线电能表与中性线特别是总表与中性线，一定要接牢，并且尽量减小接头处的接触电阻，以保证计量的准确度。建议中性线与三相四线电能表之间采用单芯铜导线分支连接方式，如图 4-6 所示。

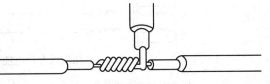

图 4-6　单芯铜导线分支连接

对于三相四线电能表，无论是分表还是总表，只要中性线断开，电能表都会少计电量。以总表中性线断开为例，其电路如图 4-7 所示。电压不对称时，中性线断开将在电能表的电压线圈与中性线 N 之间产生电压差 $\dot{U}_0$。

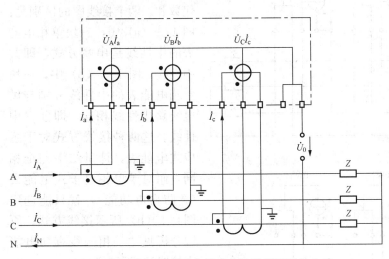

图 4-7　三相四线有功电能表中性线断开时的电路

如果线路中性线电流 $I_N = 0$，中性线断开，电能表是能够正确计量的。因为，此时 $\Delta P = U_0 I_N \cos \varphi_N = 0$。而实际三相四线电路 $I_N = 0$ 的情况很少，即负载不对称时中性线电流 $I_N \neq 0$，那么，电能表反映的功率要比负载实际功率少 ΔP，其计算公式为

$$\Delta P = U_0 I_N \cos(\widehat{\dot{U}_0 \dot{I}_N})$$
$$= U_0 I_N \cos \varphi_N$$

式中 $\varphi_N = (\widehat{\dot{U}_0 \dot{I}_N})$ 是电压 $\dot{U}_0$ 超前 $\dot{I}_N$ 的角度。

据统计，在低压三相四线电路中，当三相电压相差 5%，三相电流相差 50% 时，因中性线断开引起的计量误差约为 ±2%。

3. 带电压、电流互感器式

接线在中性点直接接地的高压三相系统中，三相有功电能的计量必须采用三相四线有功电能表，并按图 4-8 所示接线，才能保证准确计量。因为这套计量装置计量点属于高供高计方式，且该段供电线路是三相四线制，因此用三相三线方式计量会产生原理性附加误差。

只有三相四线有功电能表的这种接线，计量结果才不受中性线电流 I_N 的影响。

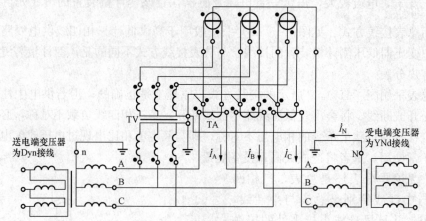

图 4-8　三相四线有功电能表带电压、电流互感器式接线图

4. 其他方式接线

三相四线电路负载电能也可用三块单相电能表来计量。三块单相电能表的接线与三相四线有功电能表接线原理上完全相同，分别如图 4-9（a）、（b）所示。

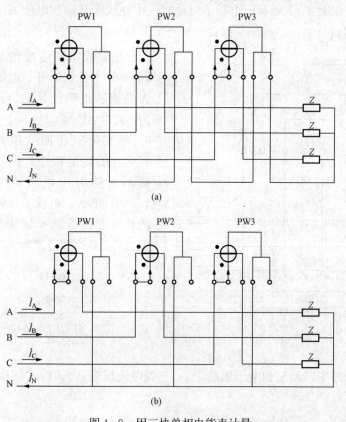

图 4-9　用三块单相电能表计量
三相四线电能的正确接线
（a）共中性线方式；（b）独立中性线方式

三相四线电路负载消耗的电能为三块单相电能表读数之代数和。两个接线图的区别是：图 4-9（a）中，三块单相电能表的中性线是串联方式，即共中性线；图 4-9（b）中，三块单相电能表的中性线分别与供电线路中性线相连，即独立中性线。这两种接线方式对于感应式电能表，计量结果完全相同，而对于单相电子式电能表（含防窃电功能），就只能选用图 4-9（b）所示接线方式，原因分析见"三相四线有功电能表接线注意事项"。

在农村的低压三相四线制供电线路中经常采用这种计量方式。因为农村不经常抄表，也很少有完整的负载记录，一旦发生计量故障，三相电能表可能只表现为脉冲闪烁速度慢，而很难区别是负载变小了还是电能表接线有了故障。当采用三块单相电能表时，只要其中一块电能表脉冲闪烁异常，便可迅速而准确地发现哪相有故障，且抄表员还可根据以往正常情况下三块表示数的比例，估算故障发生后，故障相的用电量。

图 4-9 所示接线方式最适合于中性点直接接地的三相四线制系统，且不论三相电压、电流是否对称，它都能正确计量。

5. 三相四线有功电能表接线注意事项

三相四线有功电能表接线注意事项如下：

1）应按正相序接线。因为三相电能表都是按正相序校验的，若实际使用时接线相序与校验时的相序不一致，便会产生附加误差。

2）相线与中性线不能对换，否则电压元件承受的电压将由相电压变为线电压。

3）单相电子式电能表要慎用图 4-9 所示接线方式。因为电子式电能表内部包含电压取样和电流取样电路，为了防止窃电，部分电能表厂家将单相电能表电流取样电路设置为双回路，即对于进入电能表的相线和中性线同时取电流样本，哪个信号大就取哪个信号作为电流的计量信号。如果采用图 4-9（a）所示共中性线方式接线，则当某相客户用电、接在其他相上的客户不用电时，由于中性线上有电流，则每相电能表都将计量，这势必造成误计。如果采取图 4-9（b）所示的独立中性线方式接线，就不会造成各相之间误计。

三、三相三线有功电能表的正确接线

常见的三相三线有功电能表型号的前两个字母为 DS，如 DSZJ102-G，其特点是只有两个规格相同的测量元件，一般用于计量三相三线电路的有功电能。

1. 直接接入式接线

接线原则是第一元件接入 $\dot{U}_{AB}$、$\dot{I}_A$，第二元件接入 $\dot{I}_{CB}$、$\dot{I}_C$，如图 4-10（a）所示。图 4-10（b）所示是其相量图。

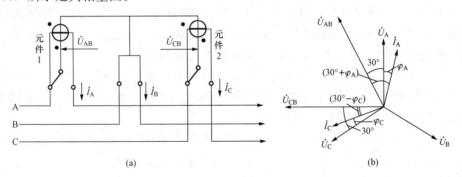

图 4-10　三相三线有功电能表直接接入方式

(a) 接线图；(b) 相量图

由电能表测量原理，得电能表反映的功率为

$$P = P_1 + P_2 = U_{AB}I_A\cos(\widehat{\dot{U}_{AB}\dot{I}_A}) + U_{CB}I_C\cos(\widehat{\dot{U}_{CB}\dot{I}_C}) \qquad (4-5)$$

三相负载消耗功率的瞬时值为

$$p(t) = p_A + p_B + p_C = u_Ai_A + u_Bi_B + u_Ci_C$$

在三相三线电路中，由于 $i_A + i_B + i_C = 0$，则 $i_B = -(i_A + i_C)$，所以

$$p(t) = u_Ai_A - u_B(i_A + i_C) + u_Ci_C = (u_A - u_B)i_A + (u_C - u_B)i_C = u_{AB}i_A + u_{CB}i_C$$

当 u_{AB}，u_{CB}，i_A，i_C 均为正弦量时，则三相电路的平均功率即有功功率为

$$P_{3\phi} = \frac{1}{T}\int_0^T p(t)\mathrm{d}t = \frac{1}{T}\int_0^T (u_{AB}i_A + u_{CB}i_C)\mathrm{d}t = U_{AB}I_A\cos(\dot{U}_{AB}\hat{}\dot{I}_A) + U_{CB}I_C\cos(\dot{U}_{CB}\hat{}\dot{I}_C)$$

可见电能反映的功率 $P = P_{3\phi}$，也就是说按图 4 - 10（a）所示方式接入，三相三线电能表计量的电能就是三相负载消耗的总有功电能。

从推导过程可以看出，三相三线电能表的使用条件是 $i_A + i_B + i_C = 0$，由于三相四线供电线路在一般情况下 $i_A + i_B + i_C = i_N \neq 0$。因此，这种接线方式只能用于三相三线供电线路，不能用于三相四线供电线路，否则，会产生原理性附加误差。

2. 带互感器接入式接线

三相三线制供电线路一般为高电压、大电流电路，用电能表测量电能时需要接入互感器，正确接线如图 4 - 11 所示。

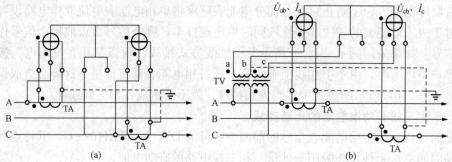

图 4 - 11　三相三线有功电能表的正确接线

（a）经电流互感器接入；（b）经电压、电流互感器接入

图 4 - 11（b）所示的接线方式，广泛用于中性点不接地的三相三线供电线路中，计量发电厂发电量、变电站供电量和专用变压器电力客户消耗的电能。虽然采用这种接线方式的电能表数量少，但是它计量的电能占整个电力系统总电能的 70% 以上，因此非常重要。

当三相电压对称时，$U_{AB} = U_{CB} = U_l$，则电能表反映的功率为

$$P = U_l[I_A\cos(30° + \varphi_A) + I_C\cos(30° - \varphi_C)]$$

因此，第一元件也叫（$30° + \varphi$）元件，第二元件叫（$30° - \varphi$）元件。当三相电路对称时，$U_{AB} = U_{CB} = U_l$，$I_A = I_C = I_l$，$\varphi_A = \varphi_C = \varphi$，则

$$\begin{aligned}P &= U_lI_l[\cos(30° + \varphi) + \cos(30° - \varphi)]\\&= \sqrt{3}U_lI_l\cos\varphi\end{aligned} \tag{4 - 6}$$

3. 三相三线有功电能表的计量特点

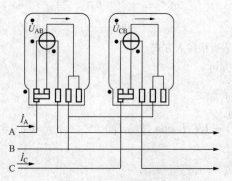

图 4 - 12　两块单相电能表测三相
三线电路有功电能试验接线

从结构上，三相电能表可看成若干单相电能表的组合。例如，三相四线有功电能表有三个驱动元件，可看成三块单相电能表，当三相电路完全对称时，每个元件各记录总电量的 1/3。那么三相三线有功电能表的元件是否各记录总电量的 1/2 呢？下面可根据三相电能表的结构特点，利用两块单相电能表代替三相三线有功电能表的两个元件来做这个试验。试验接线如图 4 - 12 所示。

三相三线有功电能表的两元件在不同负载阻抗角下的测量结果见表4-1。由表4-1可见，三相三线有功电能表的两个元件测得的电能并非总是各占一半，而是直接受负载阻抗角的影响。

表4-1 两个元件在不同负载阻抗角下的测量结果

电能表 / 负载阻抗角	接入 $\dot{U}_{AB}$、$\dot{I}_A$ 的电能表（元件一）测量功率表达式 $U_{AB}I_A\cos(30°+\varphi)$	接入 $\dot{U}_{CB}$、$\dot{I}_C$ 的电能表（元件二）测量功率表达式 $U_{CB}I_C\cos(30°-\varphi)$
$\varphi=0°$	$0.866U_lI_l$	$0.866U_lI_l$
$\varphi=30°$	$0.5U_lI_l$	U_lI_l
$\varphi=60°$	0	$0.866U_lI_l$
$\varphi=90°$	$-0.5U_lI_l$	$+0.5U_lI_l$

四、电能计量装置的整体接线

所谓电能计量装置的整体接线是指为完成一定的计量任务将有功、无功电能表和互感器通过二次回路有机地连接起来的接线。由于三相电子式电能表都具备多种功能，因此，一块三相电子式电能表就能替代两块感应式电能表（一块有功电能表、一块无功电能表），俗称

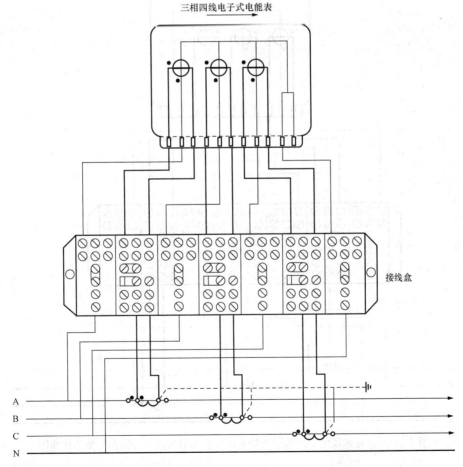

图4-13 三相四线电子式电能表带电流互感器单方向"一拖二"接线图

"一拖二"；对于有双向计量需求的用户，电能表可以采用"一拖四"计量方式。

　　电能计量装置一般都装在专用的计量柜（盘）上，互感器与电能表之间通过专用导线或二次电缆连接，并有专门标志的接线试验端子和相应的接线展开图，以便在带电拆装电能表、现场校验电能表以及检查接线时使用。下面介绍两种三相电路中常见的电能计量装置接线方式。

　　1. 三相四线供电线路电能计量装置整体接线

　　图4-13为三相四线电子式电能表带电流互感器单方向"一拖二"接线图。该种接线方式适用于低压三相四线中有功、无功电能的计量，常用于实行两部制电价的动力与生活用电的客户。

　　对于低压三相四线电路中具有双方向有功、无功电能计量需求的客户，可用三相四线电子式电能表实现双向电能分开计量，如图4-14所示。因此，此接线只需安装一块三相四线电子式电能表，就可以完成四块感应式电能表（两块有功、两块无功电能表）的功能，即"一拖四"。

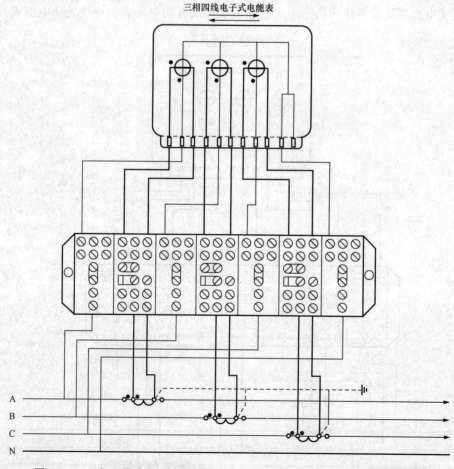

图4-14　三相四线电子式电能表带电流互感器双方向"一拖四"整体接线图

2. 三相三线供电线路电能计量装置整体接线

图 4-15 所示为三相三线电子式电能表带电压、电流互感器整体接线图。该接线方式适合单方向电能计量，计量无中性点直接接地的高压三相三线系统中有功、无功电能。

同样，在无中性点直接接地的高压三相三线系统中，对于具有双方向有功、无功电能传送的电能计量需求的客户，可用三相三线电子式电能表实现双向电能分开计量，即"一拖四"模式，接线图如图 4-16 所示。因此，此接线安装一块三相三线电子式电能表，就可以完成四块感应式电能表（两块有功、两块无功电能表）的计量功能。

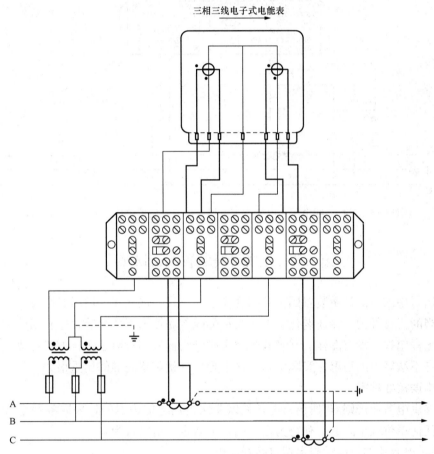

图 4-15　三相三线电子式电能表带电压、
电流互感器的整体接线图（一拖二）

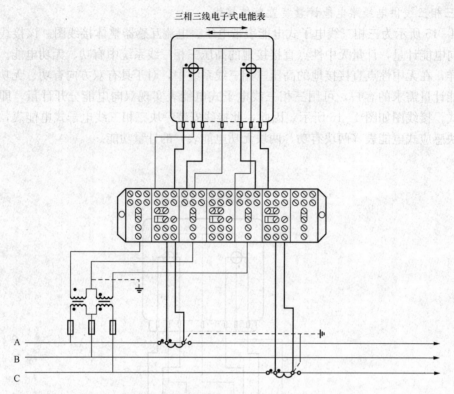

图 4-16　三相三线电子式电能表带电压、电流互感器整体接线图（一拖四）

第二节　电能计量装置的错误接线

实际运行中的电能计量装置因主观和客观原因出现错误接线的情况时有发生。客观原因主要有不当的机械外力、接线老化、工作人员的疏忽和技术不熟练等，还有回路端子混乱不清、接线图样错误或没有图样、互感器极性和联结组标号不对以及运行方式的改变等；主观原因主要是不法客户的窃电。实际中，因窃电导致计量装置失准的比重很大。

一、错误接线种类

依据《供电营业规则》，所谓窃电，是以非法占用电能为目的，采取各种手段窃用电能的行为。任何单位或个人有下列行为之一的，可认定为窃电行为：

1）在供电企业的供电设施上擅自接线用电。

2）绕越供电企业用电计量装置用电。

3）伪造或者开启供电企业加封的用电计量装置封印用电。

4）故意损坏供电企业用电计量装置用电。

5）故意使供电企业用电计量装置不准或失效用电。

6）采用其他方法窃电。

实际窃电手段五花八门，且随着电子式电能表的推广使用，窃电形式呈现出复杂和多样化的特点，一般可分为四大类：

1）电能表上电压异常。

2）电能表上电流异常。

3）电能表所接电压、电流相量夹角异常，指电能表未按计量原理要求接入电压、电流。

4）其他窃电形式。

电能计量装置错误接线后，电子式电能表由于能将正向、反向电能分开计量，因此，主要表现为脉冲灯闪动频率变慢。

二、常见错误接线形式

1. 失电压

如单相电能表的电压线圈上无电压，如图 4-17 所示，电能表反映的功率 $P'=UI\cos\varphi=0$，所以脉冲灯不闪。解决办法是把接线端子加封印或者将电压线圈在表大盖内部接好，接线盒内钩片虚设，使之打开无效。

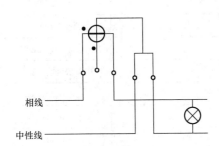

图 4-17　单相电能表失电压

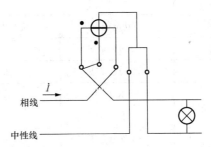

图 4-18　单相电能表电流元件极性接反

2. 欠电流

如短接电能表的电流线圈或把电流互感器二次侧 K1、K2 端子短接，由于实际进表电流几乎为零，所以电能表的脉冲灯几乎不闪。一般防范办法是把接线端子加封或者电能表厂家将电能表的电流取样回路经过特殊处理，使得短接电能表的电流线圈对于改变电能表上的电流大小基本无效。

3. 电流回路极性接反

如图 4-18 所示，由于同名端反接，所以进表电流为 $-\dot{I}$，电能表反映的功率为

$$P'=UI\cos(180°+\varphi)=-UI\cos\varphi=-P$$

所以，电子式电能表反向计量。

4. 相线、中性线对换位置

如图 4-19 所示，相线 C 与中性线 N 发生了错位。三相四线电能表第一、第二

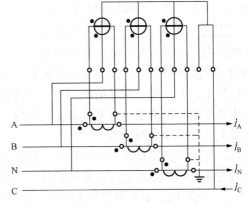

图 4-19　三相四线电能表相、
中性线对换接线图

电压线圈承受的电压就由相电压 $\dot{U}_{AN}$、$\dot{U}_{BN}$ 变成了线电压 $\dot{U}_{AC}$、$\dot{U}_{BC}$，长时间运行会使电能表电压线圈烧毁。更糟糕的是由于接在 A 相、B 相上的低压设备额定电压一般为 220V，因此，当电压变为 380V 时，会将客户的设备损坏。

第三节　电能计量装置的配置

根据计量装置的安装位置和被计量电能数量的不同，电能计量装置分为五类。如何配置电能计量装置，即如何选择各类计量装置中的电能表、互感器以及二次回路设备的准确度等级、安装位置、量程，将直接关系到计量的准确度。

一、计量器具准确度的配置

各类电能计量装置所用电能表、互感器准确度等级不应低于表4-2所示等级。

表4-2　　　　　　　　　　　　　　电能表、互感器准确度等级

电能计量装置类别	准确度等级			
	有功电能表	无功电能表	电压互感器	电流互感器
Ⅰ	0.2S 或 0.5S	2.0	2.0	0.2S 或 0.2*
Ⅱ	0.2S 或 0.5S	2.0	2.0	0.2S 或 0.2*
Ⅲ	1.0	2.0	0.5	0.5S
Ⅳ	2.0	3.0	0.5	0.5S
Ⅴ	2.0	—	—	0.5S

* 仅在发电机出口电能计量装置中配用。

表4-3　电压互感器二次回路的电压降

电能计量装置类别	限值
Ⅰ、Ⅱ	0.2%二次额定电压
Ⅲ、Ⅳ、Ⅴ	0.5%二次额定电压

而电压互感器二次回路的电压降不得大于表4-3规定值。

二、电能计量装置配置原则

（1）贸易结算用的电能计量装置，原则上应设置在供用电设施产权分界处。在发电企业上网线路、电网经营企业间的联络线路和专线供电线路的另一端应设置考核用电能计量装置。

（2）Ⅰ、Ⅱ、Ⅲ类贸易结算用的电能计量装置，应按计量点配置计量专用电压、电流互感器或者专用二次绕组。电能计量专用电压、电流互感器或专用二次绕组及其二次回路不得接入与电能计量无关的设备。

（3）计量单机容量在100MW及以上的发电机组上网贸易结算电量的电能计量装置和电网经营企业之间购销电量的电能计量装置，宜配置准确度等级相同的主副两套有功电能表。

（4）35kV以上贸易结算用电能计量装置中，电压互感器二次回路应不装设隔离开关辅助触点，但可装设熔断器；35kV及以下贸易结算用电能计量装置中，电压互感器二次回路应不装设隔离开关辅助触点和熔断器。

（5）安装在客户处的贸易结算用电能计量装置，10kV及以下电压供电的客户，应配置统一标准的电能计量柜或电能计量箱；35kV电压供电的客户，宜配置统一标准的电能计量柜或电能计量箱。

（6）贸易结算用高压电能计量装置应装设电压回路失电压计时器。未配置计量箱（柜）的，其互感器二次回路的所有接线端子、试验端子应能实施封、锁。

（7）互感器二次回路的连接导线应采用铜质单芯绝缘线。对电流二次回路导线截面积应按电流互感器额定二次负载计算确定，并且不应小于4mm²。对电压二次回路，导线截面积

应按允许的电压降计算确定，并不小于 $2.5\mathrm{mm}^2$。

（8）互感器实际二次负载应在 $25\%\sim100\%$ 额定二次负载范围内，电流互感器额定二次负载的功率因数应为 $0.8\sim1.0$，电压互感器额定二次负荷的功率因数应与实际二次负载的功率因数接近。

（9）电流互感器额定一次电流的确定，应保证在正常运行中的实际负荷电流达到额定值的 60% 左右，至少应不小于 30%，否则应选用高动热稳定电流互感器以减小变比。

（10）为提高低负荷计量准确性，应选用过载 4 倍及以上的电能表。

（11）经电流互感器接入的电能表，标定电流不宜超过电流互感器额定二次电流的 30%，额定最大电流应为电流互感器额定二次电流的 120% 左右。直接接入式电能表的标定电流应按正常负荷电流 30% 左右选择。

（12）执行功率因数调整电费的客户，应安装能计量有功电能、感性和容性无功电能的电能计量装置；按最大需量计收基本电费的客户，应装设具有最大需量计量功能的电能表；实行分时电价的客户，应装设复费率电能表或多功能电能表。

（13）带有数据通信接口的电能表，其通信规约应符合 DL/T 645—2007 的要求。

（14）具有正向、反向送电的计量点，应装设计量正向和反向有功电能以及四象限无功电能的电能表。

三、计量装置安装条件

（1）电能计量装置的安装设计应符合运行监测、现场调试的要求和仪表正常工作的条件。

（2）仪表水平中心线距地面尺寸应符合下列要求：

1）指示仪表和数字仪表宜安装在 $0.8\sim2.0\mathrm{m}$ 的高度。

2）电能计量仪表和记录仪表宜安装在 $0.6\sim1.8\mathrm{m}$ 的高度。

四、计量装置配置实例

1. 电能表的量程配置

电能表的量程配置主要是配置电流量程，原则是保证客户的额定电流 I_n 不超过电能表的最大额定负荷电流 I_{max}，并且客户经常性负荷电流不低于电能表标定电流 I_b 的 20%，即 $20\%I_b\leqslant I_n\leqslant I_{max}$，以保证其测量准确度。注意应尽量选择过载能力 4 倍及以上的电能表。

【例 4 - 1】 某居民客户单相设备容量为 3kW，功率因数为 0.85，应如何配置电能表的量程？

解 单相电能表中流过的电流 $I=\dfrac{P}{U\cos\varphi}=\dfrac{3000}{220\times0.85}=16$（A），结合配置原则，电能表一般过载 4 倍，且与 16A 最接近的量程是 20A，因此应选用电流量程为 5（20）A 的单相电能表。

2. 电流互感器量程配置

电流互感器量程配置主要是确定电流互感器额定一次电流的大小，应保证电流互感器在正常运行中的实际负荷电流达到额定值的 60% 左右，至少应不小于 30%。

【例 4 - 2】 某动力客户设备容量 60kW，功率因数为 0.8，应如何配置电能计量装置？

解 动力客户一般采用低压三相四线供电方式，如果采用直接接入方式计量，则三相四线有功电能表每相电流线圈中流过的电流 $I=\dfrac{P}{3U\cos\varphi}=\dfrac{60000}{3\times220\times0.8}=114$（A），显然不行。

如果采用电流互感器接入方式计量，则电能表的量程选 1.5（6）A。与 114A 最接近的电流互感器额定一次电流是 $I_{1n}=150A$，且 114A 略大于额定一次电流 150A×60％＝90A。所以该客户应该选择一块电流量程为 1.5（6）A 的三相四线有功电能表，且配置变比为 $K_I=\dfrac{I_{1n}}{I_{2n}}=\dfrac{150A}{5A}$ 的三台电流互感器。

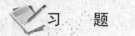

习 题

4-1　画出单相电能表的正确接线图。

4-2　画出三相四线有功电能表带三台电流互感器的正确接线图。

4-3　画出三相三线有功电能表带电压、电流互感器的正确接线图。

4-4　10kV 供电用户，Ⅱ类电能计量装置的电压互感器二次回路电压降不得超过多少伏？

4-5　单相设备容量为 7kW，功率因数为 0.85，应如何配置电能表的电流量程？

4-6　说明为什么三相四线有功电能表在作为总表时，其中性线不能剪断接入。若剪断接入会产生什么后果？

4-7　10kV 供电用户，Ⅲ类电能计量装置，电压互感器二次回路电压降不得超过多少伏？

4-8　电流二次回路导线截面积最低不小于多少？电压二次回路导线截面积最低不小于多少？

4-9　叙述计量装置安装条件。

4-10　何谓"一拖二"电能表？何谓"一拖四"电能表？

第五章　客户用电信息采集系统

教学要求

了解客户用电信息采集系统的构成；知晓通信方式种类，如远程通信方式种类、本地通信方式种类等；掌握采集系统的抄表、费控、监测、分析等功能。

第一节　客户用电信息采集系统的构成

电力客户用电信息采集系统（简称采集系统）是对电力客户的用电信息进行采集、处理和实时监控的系统，可实现用电信息的自动采集、计量异常监测、电能质量监测、用电分析和负荷管理等功能。采集系统是智能用电管理、服务的技术支持系统，为管理信息系统提供及时、完整、准确的基础用电数据。采集系统面向电力客户、电网关口等，实现购、供、售电三个环节信息的实时采集、统计和分析，达到购、供、售电环节实时监控的目的，为电网企业层面的信息共享、逐步建立适应市场变化、快速反应用户需求的营销机制和体制，提供必要的基础装备和技术手段。

采集系统是智能电网的重要组成部分，其建设是国家电网公司"SG186"信息系统工程建设和营销计量、抄表、收费标准化建设的重要基础。

一、采集系统采集对象

采集系统采用统一采集平台功能设计，支持多种通信信道和终端类型。采集系统的采集对象包括：①专线客户；②各类大中小型专用变压器客户；③各类 380/220V 供电的工商业客户和居民客户；④公用配电变压器考核计量点；⑤采集其他的计量点，如小水电、小火电上网关口、统调关口、变电站的各类计量点；⑥新能源信息，包括分布式能源接入、充放电与储能装置接入计量点。

二、采集系统逻辑构成

采集系统在逻辑上分为主站层、通信信道层、采集设备层三个层次，如图5-1所示。

采集系统集成在营销应用系统中，数据交换由营销应用系统统一与其他应用系统进行接口。营销应用系统指"SG186"营销业务应用系统，除此之外的系统称为其他应用系统。

1. 主站层

主站层分为营销采集业务应用、前置采集平台、数据库三部分，是整个系统的管理中枢，实现命令下发、终端管理、数据分析、系统维护、外部接口等功能。业务应用实现系统的各种应用业务逻辑；前置采集平台负责采集终端的用电信息、协议解析，并负责对终端单元发操作指令；数据库负责信息存储和处理。

2. 通信信道层

通信信道层是连接主站层和采集设备的纽带，提供可用的有线和无线通信信道，主要采

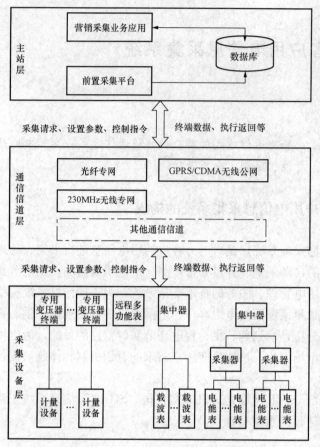

图 5-1　用电信息采集系统逻辑架构图

用的通信信道有光纤专网、GPRS/CDMA 无线公网、230MHz 无线专网及其他通信信道。

3. 采集设备层

采集设备层是采集系统的信息底层，负责收集和提供整个系统的原始用电信息。该层又可分为终端子层和计量设备子层。终端子层负责收集客户计量设备的信息，处理和冻结有关数据，并实现与上层主站的交互；计量设备子层负责电能计量和数据输出等。

三、采集系统的物理架构

物理架构是指采集系统实际的网络拓扑构成，如图 5-2 所示。采集系统从物理架构上可根据部署位置也分为主站、通信信道、采集设备三部分。各部分的组成及功能如下。

1. 主站

主站是通过远程信道，对现场终端中的信息采集并进行处理和管理的软硬件系统的总称，主要负责对现场终端中的各种信息进行抄读，并把收到的数据进行处理，配合相应的软件实现业务处理。从图 5-2 可以看出，主站的物理架构主要由营销系统服务器（包括数据库服务器、磁盘阵列、应用服务器），前置采集服务器（包括前置服务器、工作站、GPS 时钟、防火墙设备）以及相关的网络设备组成。

（1）数据库服务器承担着系统数据的集中处理、存储和读取，是数据汇集、处理的中心。

（2）应用服务器主要运行后台服务程序，进行系统数据的统计、分析、处理以及提供应用服务。

（3）前置服务器是系统主站与现场采集终端通信的唯一接口，所有与现场采集终端的通信都由前置服务器负责。所以，对前置服务器的实时性、安全性、稳定性等方面的要求较高。根据终端数量，结合现场管理的业务特点，对前置服务器配置数量、性能要求、安全防护措施等方面要求如下：

1）前置服务器应具有分组功能，以支持大规模系统的集中采集。

2）每组前置服务器采用双机，以主辅热备或负载均衡的方式运行，当其中一台服务器出现故障时，另一台服务器自动接管故障服务器所有的通信任务，从而保证系统的正常运行。

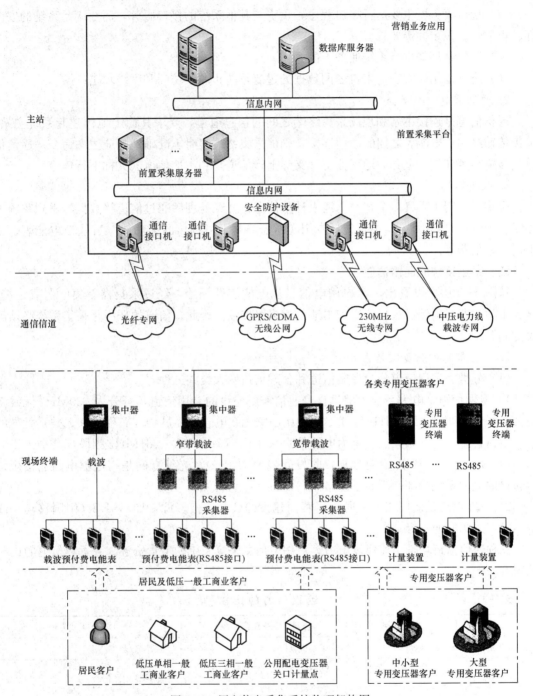

图 5-2 用电信息采集系统物理架构图

3）每组前置服务器可接入系统所有类型的信道，对于采用串行方式（230MHz 无线专网等）的通信信道，建议采用终端服务器等多串口设备来扩展前置服务器的串口数量，以便同时接入多串口信道；对于采用公网的通信信道，建议增加防火墙和认证服务器来提高接入的安全性；对于自建的光线专网信道，可直接接入前置服务器。

4）每组前置服务器设计容量可接入的终端总数不小于 30000 台。

（4）接口服务器主要运行接口程序，负责与其他系统的接口服务，需要满足系统的安全性、可靠性、稳定性等要求。

（5）工作站用来进行系统业务上的操作。

（6）防火墙用来实现对来自公网数据的过滤，防止非法访问和网络攻击。

2. 通信信道

通信信道是连接主站和现场采集终端之间的信息通道，要求其稳定地构建起系统主站、采集传输终端、电能表之间的通信连接，确保采集终端实时、准确地响应主站命令。通信信道从传输距离和作用上分为远程信道（又称上行信道）和本地信道（又称下行信道）。

3. 采集终端

采集终端用于采集多个客户电能表计量信息，并经处理后通过信道将数据传送到系统上一级（中继器或集中器），主要包括专用变压器终端、可远传的多功能（智能）电能表、集中器、采集器等。

四、采集系统的通信信道

从图 5-2 中可以看出，客户用电信息从电能表处开始，经过采集器、集中器或终端，再到主站，即必须经过远程信道和本地信道多级传输。因此，信道的选用是采集系统必须解决的问题。

1. 远程信道的分类与技术特性

（1）分类。远程信道分为专网信道和公网信道两大类共三种。

1）专网信道是电力系统为满足自身通信需要建设的专用信道，可分为 230MHz 无线专网及光纤专网两种。230MHz 无线专网使用国家无线电管理委员会（简称国家无委）批准的电力负荷管理系统专用频点（电力电能信息采集用频率在 223～231MHz 频段，其中单工频率 10 个频点，双工频率 15 对频点，收发间隔为 7MHz）。光纤专网是指依据电力通信规划而建设的电力系统内部专用通信网络。

2）公网信道是使用或租用通信运营商建设的公共通信资源，如 GPRS（中国移动）或 CDMA（中国联通）等。

三种通信信道均是当前建设电力客户用电信息采集系统的宝贵资源。各远程信道的比较见表 5-1。

表 5-1　　　　　　　　　　　远程信道的比较

传输方式	光纤专网	公网（GPRS/CDMA）	230MHz 无线专网
建设成本	高	成本极低	成本较低
运行维护	维护费低，多重业务综合应用	第三方维护，按流量收费，运行成本高，受制于人	维护费用较低
容量	容量巨大	容量不受限制	容量有限
速度/可靠性	高速，高可靠	较高速，并发量大，可靠性较好	可靠性较好
信息安全	高安全	安全性较差	安全性较高
影响因素	不受电磁干扰和天气影响	受容量影响	受电磁干扰、地形影响大

续表

传输方式	光纤专网	公网（GPRS/CDMA）	230MHz 无线专网
通信实时性	二层通信，网络实时性强	并发工作有传输延时，采集数据实时性高	单次通信快速，单位轮询工作方式，速率低，采集数据性差

在同一个地区，应根据实际情况，采纳其中一种或同时采纳两种、三种远程信道，综合利用，相互弥补，共同完成电力客户用电信息采集全覆盖的任务。

（2）技术特性。

1）光纤专网的技术特性。光纤专网是依据电力客户用电信息采集系统建设总体规划而建设的，以光纤为信道介质，一般覆盖全网的配电线路。

目前，国家电网公司所辖电网内 35kV 及以上变电站基本具备骨干光纤通信网络，具备了向下延伸的网络基础。配电线路的光纤专网建设只需在配电线路敷设电力特种光缆，将低压侧全部业务流进行汇集，在上述变电站节点与骨干光纤网对接，即可形成全覆盖的光纤专网，如图 5-3 所示。业务流向为将配电线路和低压侧业务，即专用变压器大客户、工商业客户和居民客户的用电信息统一接入，由上级变电站通信节点上传至系统主站。

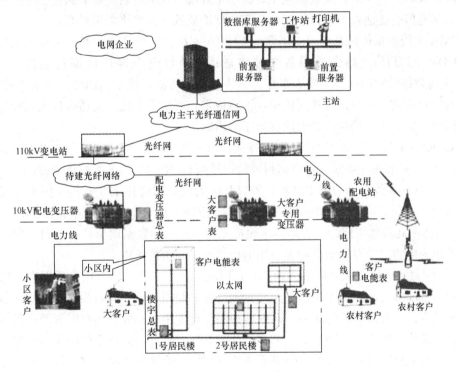

图 5-3　采集系统光纤组网示意图

该通信网络的建设，根本解决了采集的远程数据传输通信信道资源问题。这样，系统主站与采集现场建立了可靠的通信渠道，满足了电力客户用电信息采集系统中采集和监控的需要。同时光纤网络完整地覆盖整个配电线路，在每一个专用变压器大客户和公用台区变压器提供以太接口方式的网络接口。相对采集系统的数据传输需求而言，光纤通信专网提供了不受限的接入容量和高速的数据传输速率。

2）GPRS/CDMA 无线公网的技术特性。公共无线网络通信模式简称无线公网。当前，采集系统主要应用的是中国移动公司提供的 GPRS 和中国联通公司提供的 CDMA 网络技术服务。GPRS/CDMA 无线公网组网方式如图 5 - 4 所示。

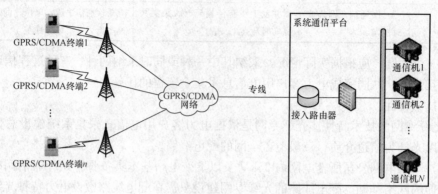

图 5 - 4　GPRS/CDMA 无线公网组网方式

　　GPRS 无线数据传输的优势主要表现在：①传输速率高；②支持永久在线；③资源相对丰富，覆盖地域广；④适合大规模应用。其不足表现为：①与话音业务共用信道，通信链路饱和时数据通信会受话音干扰；②实际速率比理论值低；③网络资费过高。

　　CDMA 无线数据传输系统以中国联通 CDMA 网络为通信平台，通过无线数据传输终端设备（CDMA DTU），提供透明数据传输通道，满足电力客户数据传输的应用需求。CDMA 无线数据传输的优势主要表现在：①传输速率更高，优于 GPRS；②支持远方唤醒；③专用载频和信道，不与话音共用信道，网络稳定，不易受干扰；④适合较大规模应用。其不足表现为：资源相对较少，覆盖地域逊于 GPRS。

　　在 GPRS/CDMA 无线公网中，采集终端接口方式是用集中器以无线 MODEM 的方式与 GPRS/CDMA 基站进行数据信号的调制通信，遵循 GPRS/CDMA 无线传输标准。

　　3）230MHz 无线专网的技术特性。230MHz 无线专网简称 230 专网。国家无线电委员会为电力负荷控制批准了专用在 230MHz 频段范围内的 10 个单工频点和 15 对双工频点，230 专网就是在此基础构建的。它是基于模拟无线电技术的数据通信资源，目前仍被许多由电网企业作为电力大型专用变压器客户用电信息采集和监控所用。

　　230 专网最大的缺点是其传输容量不足，因此，仅可实现大型专用变压器客户的信息采集和监控，目前各电网企业正积极向光纤专网过渡。使用 230 专网，须切实注意和落实以下几个技术要点：①合理的组网规划，有效地利用频点复用，充分利用有限资源获得最大的系统容量；②正确应用 230 专网点对点和多点共线等技术特点，保证系统响应的实时性；③采用可靠的电台故障长发抑制技术，保障系统的可用性；④严格控制客户现场终端设备及配套设施的安全质量，减少系统运行维护工作量。

　　2. 本地信道的分类、原理与技术特性

　　本地通信是指采集终端和客户电能表之间的数据通信。对于大客户和工商业客户来说，其用电信息采集所用的本地通信常采用 RS485 总线，相对比较简单；而居民客户采集系统的本地信道种类相对比较复杂，多种通信方式同时共存。

　　（1）本地信道分类。本地信道主要分为电力线载波、RS485 总线和微功率无线三种模式。其中，采用电力线载波（窄带、宽带）通信技术和 RS485 总线结合的典型组网方式有两种：一是集中器＋载波电能表方式，即集中器通过电力线载波直接与具有载波通信功能的电能表通信；二是集中器＋采集器＋RS485电能表方式，即集中器通过电力线载波与采集器通信，采集器通过RS485总线与具有RS485通信功能的电能表通信。在同一台区（域）中，不能同时应用宽带和窄带两种载波技术混合组网通信。

（2）本地通信原理与技术特性。

1）RS485总线通信。RS485主机与从机之间的连接如图5-5所示。RS485是用于串口通信的接口标准，由RS232、RS422发展而来，属于物理层的协议标准。RS485总线通信采用平衡

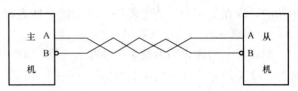

图5-5　RS485主机与从机之间的连接

发送和差分接收方式来实现通信，主机和从机由两条双绞线或同轴电缆连接。这种通信方式信号传输可靠性高，可双向传输，但需敷设专用RS485线路，存在安装调试复杂、容易遭到人为破坏等问题，适用于电能表位置集中、用电负荷变化较大、新建的公寓或小区以及已经实现了布线的台区等。

2）电力线载波通信。电力线载波通信义称为低压载波通信，是将信息调制为高频信号并耦合至电力线路，利用电力线路作为介质进行通信的技术。目前，低压载波可分为低压窄带载波和低压宽带载波两种。

低压窄带载波通信是指载波信号频率范围不高于500kHz的低压载波通信。其数据传输速率较低，双向传输，无需另外铺设通信线路，安装方便，易于将电力通信网络延伸到低压客户侧以实现对客户电能表的数据采集和控制，安装、维护工作量小，适应性好，但是电力线存在信号衰减大、噪声源多且干扰强、阻抗受负载特性影响大等问题，对通信的可靠性形成一定的技术障碍。具体应用时，需针对低压电网特性进行载波技术的设计，并结合动态路由、主动上报等机制进行组网优化。低压窄带载波通信适用于电能表位置较分散、布线较困难、用电负荷特性变化较小的台区，如城乡公用变压器台区供电区域、别墅区、城市公寓小区。

目前，低压窄带载波通信的技术特性，使其不利于大规模推进电力客户用电信息采集系统的居民集中抄表，并限制了载波通信技术的完善和发展，亟待制定统一的技术标准，实现采集设备的互联、互通和互换。

低压宽带载波通信是指载波信号频率范围大于1MHz，通信速率大于500kbit/s的低压载波通信。低压宽带载波采用先进的OFDM通信编码技术，是一种基于TCP/IP的网络通信技术。低压宽带载波采用较高的通信频带，在电力线上传输时信号衰减较快，因此，在长距离通信时需要中继组网。当上行通道采用光纤时，本地信道采用低压宽带载波通信抄表是最佳选择。

3）微功率无线通信。一般意义上，只要通信收发双方通过无线电波传输信息，并且传输距离限制在较短的范围内，就可以称为微功率无线通信。微功率无线通信通常采用数字信号单片射频收发芯片，把要发送的数据信号通过调制、解调、放大、滤波等数字处理后，转换为高频交流电磁波进行传输，具有施工简单、双向传输等优势，但存在受现场建筑物和环境变化影响大，易受屏蔽和干扰等问题。

五、采集系统采集终端

采集终端是指用于采集多个客户电能表电量信息，并经处理后通过信道将数据传送到系统上一级（中继器或集中器），安装在现场终端的计量设备，主要包括专用变压器终端、可远传的多功能（智能）电能表、集中器、采集器等。构成采集系统的电能表应该具有数据输出功能，现在使用的智能电能表、多功能电能表都具有这个功能。

1. 终端分类

终端按电力客户用电信息采集模式分类。对于大型专用变压器客户和中小型专用变压器客户，应采用专用变压器采集终端＋RS485 多功能电能表采集模式，大型专用变压器客户选择安装带交流采样的专用变压器终端或不带交流采样的专用变压器终端，中小型专变客户选择安装不带交流采样的专变终端。

2. 终端选型

（1）专用变压器终端。专用变压器终端主要有三种类型，根据 DL/T 698.31—2010《电能信息采集与管理系统　第 3-1 部分：电能信息采集终端技术规范——通用要求》，采集终端型号及功能对照见表 5-2。

表 5-2　　　　　　　　　　　　　　　采集终端型号及功能对照

终端型号	I/O 配置	远程信道	主要功能
FKXA4	1 组交流模拟量采样输入接口 4 路遥信信号输入接口 两轮负荷控制信号输出接口 2 路 RS485 接口 1 路本地维护接口	上行信道为光纤专网、GPRS/CDMA 等	用于专用变压器大型客户用电现场的有序用电管理和实时负荷监测，具备控制模块 RS485 本地通信采集电能表数据，两轮控制作为功率控制和紧急限电管理的辅助手段 终端具备预付费管理功能
FKXB8	8 路遥信信号输入接口 8 路电能表脉冲输入接口 四轮负荷控制信号输出接口 2 路 RS485 接口 1 路本地维护接口 1 路客户数据接口	上行信道为光纤专网、GPRS/CDMA、230MHz 等	用于专用变压器大型客户用电现场的有序用电管理和实时负荷监测，具备控制模块 控制投入时，实时控制客户用电负荷 RS485 本地通信采集电能表数据，脉冲输入采集客户实时负荷 四轮控制执行各类功率控制和电量控制以及紧急限电管理辅助手段 终端具预付费管理功能
FKXB4	4 路遥信信号输入接口 预付费控制输出接口 两轮负荷控制信号输出 2 路 RS485 接口 1 路本地维护接口	上行信道为光纤专网、GPRS/CDMA 等	用于中小型专用变压器客户用电管理 RS485 本地通信采集电能表数据 另具备预付费管理和计量异常事件管理等功能

（2）集抄终端。集抄终端通常包含集中器和采集器两部分，用于厂站关口电能数据采集和非居民客户、居民客户用电信息采集，并对用电异常信息进行管理和监控。一个配电变压器台区的居民用电信息采集组网方式主要有下列两种：

1）集中器与具有通信模块的电能表直接交换数据。

2）集中器、采集器和电能表组成两级数据传输网络，采集器采集多个电能表的电能数据，集中器与多个采集器交换数据。

实际应用中可采用上述两种方式混合组网。集中器可直接与主站连接，也可通过 RS485 接口与公用变压器终端级联，利用公用变压器采集终端通信信道上传数据。集中器和采集器的选型，可在实际应用中根据具体情况而确定。

（3）可远传的多功能（智能）电能表。可远传的多功能（智能）电能表在多功能（智能）电能表中加入了采集模块和控制开关，具有客户用电信息采集和监控能力，通常用于低压三相一般工商业客户用电信息采集。多功能（智能）电能表以多功能（智能）电能表＋通信模块（光纤专网、无线公网、公共交换电话网等）的采集形式为主，来对电能表信息进行管理和传输，接受主站调度任务。

另一种采集形式是载波＋预付费电能表。

第二节　客户用电信息采集系统的功能

客户用电信息采集系统主要功能包括系统数据采集、管理及控制、综合应用、运行维护管理、提供规范系统接口等。

一、数据采集功能

根据不同业务对采集数据的要求，编制自动采集任务表，包括任务名称、任务类型、采集群组、采集数据项、任务执行起止时间、采集周期、执行优先级、正常补采次数等信息，并管理各种采集任务的执行情况。系统采集的主要数据项有：

（1）电能数据，包括电能示值、各费率电能示值、总电能量、各费率电能量、最大需量等。

（2）交流模拟量，包括电压、电流、有功功率、无功功率、功率因数等。

（3）工况数据，包括采集终端及计量设备的工况信息。

（4）电能质量越线统计数据，包括电压、电流、功率、功率因数、谐波等的越线数据。

（5）事件记录数据，包括终端和电能表记录的事件记录数据。

（6）其他数据，如费控信息等。

二、数据管理功能

1. 数据合理性检查

用电信息采集系统提供了采集数据完整性、正确性的检查和分析手段，发现异常数据或数据不完整时自动进行补采。主要功能有数据异常事件记录和报警，对于异常数据不予自动修复，并限制其发布，保证原始数据的唯一性和真实性。

2. 数据计算、分析

根据应用功能需求，可通过配置或编写公式，对采集的原始数据进行计算、统计分析，主要包括按区域、行业、线路、自定义群组、单客户等类别，按日、月、季、年或自定义时间段，进行负荷、电能质量的分类与统计分析。

电能质量数据统计分析，指对监测点的电压、电流、功率因数、谐波等电能质量数据进行越线、合格率等分类统计分析，计算线损、母线电压不平衡、变压器损耗（简称变损）等。

3. 数据存储管理

系统采用统一的数据存储管理技术，对采集的各类原始数据和应用数据进行分类存储和管理，为数据中心及其他业务应用系统提供数据共享和分析利用。按照访问者受信度、数据频度、数据交换量的不同，对外提供统一的实时或准实时数据服务接口，为其他系统开放有权限的数据共享服务，另外还提供系统级和应用级完备的数据备份和恢复机制。

4. 数据查询

系统支持数据综合查询功能，并提供组合条件方式查询相应的数据页面信息。

三、控制功能

系统通过终端设置功率定值、电能定值、费率定值以及控制相关参数的配置和下达控制命令，实现系统功率定值控制、电能定值控制和费率定值控制功能。除此之外，它还可实现远方控制。

定值控制有点对点控制和点对面控制两种基本方式：点对点控制指对单个终端操作，点对面控制指对终端进行批量操作。

1. 功率定值控制

功率定值控制方式有时段控制、厂体控制、营业报停控制、当前功率下浮控制等。系统根据业务需要，提供面向采集点对象的控制方式选择，管理并设置终端功率定值参数、开关控制轮次、控制开始时间、控制结束时间等控制参数，并通过下发控制投入和控制解除命令，集中管理终端执行功率定值控制。控制参数及控制命令的下发、开关的动作应有相应的操作记录。

2. 电能定值控制

系统根据业务需要提供面向采集点对象的电能定值控制方式选择，管理并设置终端月电能定值参数、开关控制轮次等控制参数，并通过向终端下发控制投入和控制解除命令，集中管理终端执行电能定值控制。控制参数及控制命令的下发、开关的动作应有相应的操作记录。

3. 费率定值控制

系统可向终端设置电能费率时段和费率以及费率控制参数，包括购电单号、预付电费值、报警和跳闸门限值，向终端下发费率定值投入或解除命令，终端根据报警和跳闸门限值分别执行报警和跳闸。控制参数及控制命令的下发、开关的动作应有相应的操作记录。

4. 远方控制

（1）遥控功能。主站可根据需要向终端或电能表下发遥控跳闸命令，控制客户开关跳闸。主站可根据需要向终端或电能表下发允许合闸命令，由客户自行闭合开关。遥控跳闸命令包括报警延时时间和限电时间。控制命令可按单地址或组地址进行操作，所有操作应有操作记录。

（2）剔除功能。主站可向终端下发剔除投入命令，使终端处于剔除状态，此时终端对任何广播命令和组地址命令（除对时命令外）均不响应。剔除解除命令使终端解除剔除状态，返回正常状态。

四、综合应用功能

1. 自动抄表管理

根据采集任务的要求，自动采集系统内电力客户电能表的数据，获得电费结算所需的用电计量数据和其他信息。

2. 费控管理

费控管理需要由主站、终端、电能表多个环节协调执行。实现费控的方式也有主站实施费控、终端实施费控、电能表实施费控三种形式。

(1) 主站实施费控。根据客户的缴费信息和定时采集的客户电能表数据，计算剩余电费。当剩余电费等于或低于报警门限值时，通过采集系统主站或其他方式发催费报警通知，通知客户及时缴费；当剩余电费等于或低于跳闸门限值时，通过采集系统主站下发跳闸控制命令，切断供电。客户缴费成功后，可通过主站发送允许合闸命令，允许合闸。

(2) 采集终端实施费控。根据客户的缴费信息，主站将电能费率时段和费率以及费控参数包括购电单号、预付费值、报警和跳闸门限值等参数下发至终端并进行存储。当需要对客户进行控制时，主站向终端下发费控投入命令，终端定时采集客户电能表数据，计算剩余电费，根据报警和跳闸门限值，分别执行报警和跳闸。客户缴费成功后，可通过主站发送允许合闸命令，允许合闸。

(3) 电能表实施费控。根据客户的缴费信息，主站将电能费率时段和费率以及费控参数包括购电单号、预付费值、报警和跳闸门限值等参数下发至电能表并进行存储。当需要对客户进行控制时，主站向电能表下发费控投入命令，电能表实时计算剩余电费，根据报警和跳闸门限值分别执行报警和跳闸。客户缴费成功后，可通过主站发送允许合闸命令，允许合闸。

3. 有序用电管理

根据有序用电方案或生产管理要求，编制限电控制方案，对电力客户的用电负荷进行有序控制，并可对重要客户采取保电措施有序用电管理有功率定值控制和远方控制两种方式。执行方案确定参与限电的采集点并编制群组，确定各采集点的控制方式、电能定值参数、开关控制轮次、控制开始时间、控制结束时间等控制参数，将控制参数批量下发给参与限电的所有采集点的相应终端，同时向各终端下发控制投入和控制解除命令，终端执行，并要求有相应控制参数和控制命令的操作记录。

4. 用电情况统计分析

用电信息采集系统还可进行综合用电分析并提供负荷预测支持。

(1) 用电分析。

1) 负荷分析。按区域、行业、线路、电压等级、自定义群组、客户、变压器容量等类别对象，以组合的方式对一定时段内的负荷进行分析，统计负荷的最大值及发生时间、最小值及发生时间，分析负荷曲线趋势，并可进行同期比较，以便及时了解系统负荷的变化情况。

2) 负荷率分析。按区域、行业、线路、电压等级、自定义群组等统计分析各时间段内的负荷率，并可进行趋势分析。

3) 电量分析。按区域、行业、线路、电压等级、自定义群组、客户等类别，以日、月、季、年或时间段等时间维度对系统所采集的电量进行组合分析，包括统计电量查询、电量同比环比分析、电量峰谷分析、电量突变分析、客户用电趋势分析和用电高峰时段分析、排名等。

4) 三相不平衡度分析。通过分析配电变压器三相负荷或者台区下所属客户按相线电能量统计数据，确定三相不平衡度，进而适当调整客户相线分布，为优化配电管理奠定基础。

（2）负荷预测支持是指系统可分析地区、行业、客户等历史负荷、电能量数据，找出负荷变化规律，为负荷预测提供支持。

5. 异常用电分析

系统还可以对现场运行工况进行监测，发现用电异常。如监测计量柜门、TA/TV 回路、表计状态等，发现异常并记录异常信息；对采集数据进行比对、统计分析，发现用电异常。

（1）计量及用电异常监测，如通过对同一计量点不同采集方式的采集数据比对或实时数据和历史数据的比对，发现功率超差、电能量超差、负荷超容量等用电异常，记录异常信息。

用采集到的历史数据分析用电规律，与当前用电情况进行比对分析，分析并记录异常信息。发现异常后，启动异常处理流程，将异常信息通过接口传送到相关职能部门。

（2）重点客户监测，是对重点客户提供用电情况跟踪、查询和分析功能。可按行业、容量、电压等级、电价类别等分类组合定义，查询重点客户或客户群的信息。查询信息包括历史和实时负荷曲线、电能曲线、电能质量数据、工况数据以及异常事件信息等。

（3）事件处理和查询。根据系统应用要求，主站将终端记录的报警事件设置为重要事件和一般事件。对于不支持主动上报的终端，主站接收到来自终端的请求访问要求后，立即启动事件查询模块，召测终端发生的事件，并立即对召测事件进行处理。对于支持主动上报的终端，主站收到终端上报的重要事件，应立即对上报事件进行处理。

主站可以定期查询终端的一般事件或重要事件记录，并能存储和打印相关报表。

6. 电能质量数据统计

（1）电压越线统计。对配电变压器台区的电压按照电压等级进行分类分析，分类统计电压监测点的电压合格率等。

（2）功率因数越线统计。按照不同的负荷特点，对客户设定相应的功率因数分段定值，对功率因数进行考核统计分析，记录客户指定时间段内的功率因数最大值、最小值及其变化范围，进行超标客户分析统计、异常记录等。

7. 线损、变损分析

（1）线损分析。根据各供电点和受电点的有功、无功电能的正/反向测量数据及供电网络拓扑数据，按电压等级、分区域、分线、分台区进行线损的统计、计算、分析。可按日、月等固定周期或指定时间段统计分析线损。主站应能人工编辑或自动生成线损计算统计模型。

（2）变损分析。将计算出的电量信息作为原始数据，输入指定的变损计算模型中，生成对应计量点各变压器的损耗率信息。变损计算模型可以通过当前的电网结构自动生成，也支持对于个别特殊变压器进行特例配置。

8. 增值服务

系统采用一定安全措施后，还可以实现以下增值服务功能：

（1）系统具备通过 Web 进行综合查询功能，满足业务需求。能够按照设定的操作权限，提供不同的数据页面信息及不同的数据查询范围。

（2）Web 信息发布，包括原始电能量数据、加工数据、参数数据、基于统计分析生成的各种电量、线损分析、电能质量分析报表、统计图形（曲线、棒图、饼图）网页等。

（3）系统提供数据给相关支持系统，实现通过手机短信、语音提示等多种方式及时向客户发布用电信息、缴费通知、停电通知、恢复供电等信息，实现短信提醒、信息发布等功能；可以提供相关信息网上发布、分布式能源的监控、智能用电设备的信息交互等扩展功能。

五、运行维护管理

1. 系统对时

系统具有与标准时钟对时的功能，并支持从其他系统获取标准时间。主站可以对系统内全部终端进行广播对时或批量对时，也可以对单个终端进行对时，还可以对时钟误差小于5min的电能表进行远程校时。

2. 权限和密码管理

对系统客户进行分级管理，可进行包括操作系统、数据库、应用程序三部分的用户密码设置和权限分配，并可根据业务的涉及内容进行密码限制。登录系统的所有操作员都要经过授权，进行身份和权限认证，根据授权权限使用规定的系统功能和操作范围。

3. 采集终端管理

采集终端管理主要是对终端运行相关的采集点和终端档案参数、配置参数、运行参数、运行状态等进行管理。主站可以对终端进行远程配置和参数配置，支持上线终端自动上报的配置信息，还可以向终端下发复位命令，使终端自动复位。

4. 档案管理

档案管理主要对维护系统运行必需的电网结构、客户、采集点、设备进行分层分级管理。系统可以实现营销和其他系统相关档案的实时同步和批量导入及管理，以保持档案信息的一致性和准确性。

5. 通信和路由器管理

通信和路由器管理主要是对系统使用的通信设备、中继路由参数等进行配置和管理以及对系统使用的公网信道进行流量管理。

6. 运行状况管理

运行状况管理包括主站、终端、专用中继站运行状况监测和操作监测。

（1）主站运行工况监测，包括实时显示通信前置机、应用服务器以及通信设备等的运行工况；检测报文合法性、统计每个通信端口及终端的通信成功率。

（2）终端运行工况监测，包括终端运行状态统计、终端数据采集情况、通信情况的分析和统计。

（3）专用中继站运行监测，包括实时显示中继站的运行状态、工作环境参数。

（4）操作监测，包括通过权限统一认证机制，确认操作人员情况、所在进程及程序、操作权限等内容。

系统会自动记录重要操作的当前操作员、操作时间、操作内容、操作结果等信息，并在值班日志内自动显示。

7. 维护及故障记录

自动检测主站、终端及通信信道等的运行情况，记录故障发生时间、故障现象等信息，生成故障通知单，提出标准的故障处理流程方案，并建立相应的维护记录。主要包括统计主站和终端的月/年可用率，对各类终端进行分类故障统计；对电能表运行状态进行远程监测，及时发现运行故障并报警。

8. 报表管理

系统提供专用和通用的制表功能，操作人员可在线建立和修改报表格式。

应根据不同需求，对各类数据选择分类方式（如按地区、行业、变电站、线路和不同电压等级等）和不同时间间隔组合成各种报表，并支持导出、打印等功能。

9. 安全防护

系统的安全防护应符合 Q/GDW 377—2009《安全防护技术规范》的相关要求。对于采用 GPRS/CDMA 无线公网接入的电力信息网的安全防护，对接入点必须制定严格的安全隔离措施；对于采用 230MHz 无线专网接入的电力信息网的安全防护，应采取时间戳技术等措施。

采集终端应包含具备对称算法和非对称算法的安全芯片，同时应采取身份认证、报文加密、消息摘要等措施，并采用完善的安全设计、安全性能检测、认证与加密措施，以保证数据传输的安全。智能电能表信息交换应符合 Q/GDW 365—2009《智能电能表信息安全认证》的安全认证要求。

六、系统接口

通过统一的接口规范和接口技术，实现与营销管理业务应用系统连接，接收采集任务、控制任务及装拆任务等信息，为抄表管理、有序用电管理、电费收缴、用电检查管理等营销业务提供数据支持和后台保障。系统还可与其他业务应用系统连接，实现数据共享。

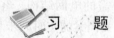

习　　题

5-1　什么叫客户用电信息采集系统？其作用是什么？

5-2　客户用电信息采集系统的功能有哪些？

5-3　采集系统的远程信道有哪几种？各自特点是什么？

5-4　采集系统的本地信道有哪几种？各自特点是什么？

5-5　采集系统的终端有哪几种？各自用途是什么？

5-6　采集系统如何实现对居民客户的费控管理？

5-7　如何利用采集系统对专用变压器客户实现负荷控制？

5-8　采集系统运维管理内容是什么？

第六章 窃电的检查及处理

教学要求

了解窃电嫌疑寻找方法；掌握窃电行为判断及确定窃电方式的手段；了解依法处理窃电的流程。特别关注差错电量的计算方法以及常见反窃电的技术措施。

第一节 寻找窃电嫌疑

电能计量装置的准确性不仅取决于电能表、互感器的准确度等级和运行状态，还与接线有关。因为即使电能表和互感器本身准确度等级很高，但是计量装置故障及接线错误也会导致整套计量装置的误差达到百分之几十甚至几百，还可能导致仪表损坏或人身伤亡事故。由于经济利益的驱动，窃电和违章用电一直屡禁不止。窃电在计量装置上的表现就是计量发生错误，出现少计、不计或反计。因此，对于正在运行的各种电能计量装置进行定期或不定期的检查很有必要。

为了寻找管辖区域内的窃电嫌疑客户，缩小检查范围，供电公司可以采取下列方法获取客户窃电信息。

一、举报法

据统计，窃电案件中的许多大案、要案都是通过群众举报而发现的，为此，应使举报渠道畅通无阻。举报形式有电话举报、书面举报、口头举报、网上举报等。

对举报信息要注意分辨真伪，并对举报信息保密，这样在突击检查时才有可能出奇制胜。为了保护举报人的安全和积极性，还应对举报人的相关消息保密。

二、直观法

直观法是指通过眼看、口问、耳听、鼻闻、手摸等手段检查客户用电及计量装置运行情况，从而发现窃电的蛛丝马迹。一般采取"从外到里"的原则。

1. 外围检查

用眼睛观察客户有无越表接线和私拉乱接。

（1）越表接线的检查。对于普通低压客户，应注意查看进电能表前的导线在靠墙、交叉等隐蔽处有无旁路接线和与邻户之间有无非正常接线；对于高供低计客户，要重点检查配电变压器低压出线端至计量装置前有无旁路接线或该段导线有无被剥接过的痕迹。

（2）私拉乱接的检查主要检查客户是否未经过报装就私自在供电线路上接线用电。

2. 计量箱的外部检查

利用手摸、眼看来判别计量箱外观是否保持原样。由于计量箱一般配有封和锁两道关卡，因此，用电检查人员应对其封、锁、箱逐一进行检查。

（1）检查封。现在使用的"封"是具有防伪性和防撬性的塑料封或金属封，其防伪信息一般包含两个部分：全息防伪图案和防伪编码。其中防伪编码是随机生成的流水编码，具有唯一性和不可重复性。检查封应重点检查封是否为原样和封的真伪；此外，还要查封的分类标志是否正确。各供电公司按使用部门不同通常将封分为三类标志：校表、装表和用电（检查）字样，若封的标志与权限范围不对应，即是窃电行为。

（2）检查锁。计量箱的门上除了封还配有锁，锁分为普通锁和密码锁。检查内容主要包括：查看外观是否有被撬、被磨损的痕迹；用钥匙试开锁，能否正常打开，若不能，则锁有可能被换；配置了开箱次数记录的防窃电计量箱，可查看开箱次数记录及时间，若在上次检查距本次检查的时间间隔内有开箱记录，则有重大窃电嫌疑。

（3）检查计量箱。主要检查固定螺钉是否完好牢固；外观是否变形；有无钻孔；铁质计量箱是否锈蚀；周围是否有热源、磁场干扰等。

总之，眼看能够从电能表的外观、封的完好程度初步判断客户是否有窃电行为。

3. 计量箱的开箱检查

计量箱打开后，可进行包括电能表、互感器、二次回路等在内的检查。

（1）检查电能表。

1）查电能表外壳是否完好，有无机械损伤；表盖及接线盒的螺钉是否齐全和紧固。

2）查封。方法同计量箱封的检查。

3）查电能表的安装。电能表固定螺钉是否完好、牢固；安装是否垂直，倾斜角度应不大于 2°；电能表进出线预留是否太长；电能表安装处是否有机械振动、热源、磁场干扰等不利因素。

4）查电能表的运行情况。电子式电能表的检查包括：①看脉冲。在正常连续负荷下，脉冲灯闪动应连续、平稳。②看屏幕。电子式电能表的屏幕显示应字迹清楚、稳定。③看内容。利用电能表上的按钮可快速查阅表的储存内容，如时段设置是否正常、有无失电压、失电流等故障记录。感应式电能表的检查包括：①看转盘。在正常连续负荷下转盘转动应平稳不反转。②听声音，不应有摩擦声和卡阻声。③摸振动。正常情况下手摸表壳应无振动感，否则说明表内计度器机械传动不平稳。一般响声和振动是同时出现的。

（2）检查接线。主要核查计量装置的电压、电流回路有无明显的开路、短路、接线错误、导线的接头及 TV 的二次熔断器是否完好。具体检查方法见本章第二节内容。

（3）检查互感器。检查互感器的铭牌参数是否和客户手册相符，检查 TV 二次回路熔断器是否开路、TV 二次回路导线截面积是否不小于 $2.5mm^2$，检查 TA 二次回路是否相对独立、TA 二次回路导线截面积是否不小于 $4mm^2$，是否存在明显的"嗡嗡"声。二次回路开路或 TV 二次回路短路都会产生异常声响，而且还会因绝缘被击穿后发出焦煳味。

三、分析法

窃电必然导致客户用电量减少。因此供电营业部门统计的用电量波动超过 10％的客户，要重点对其用电量、产品单耗、平均功率因数 $\overline{\cos\varphi}$ 及客户负荷曲线等信息进行定期分析，从中可以找出窃电嫌疑户。

1. 前后对照查用电量

把客户当月的用电量与上月用电量或前几个月的用电量相比较：用电量突然比上月增加者应重点查上个月，用电量突然减少者应重点查本月。

（1）查用电量增加是否存在下列原因。

1）抄表过程有误，如抄错电能表读数、乘错互感器倍率等。

2）客户生产经营形势变化、季节变化等使用电量增加。

3）抄表日期推后。

4）上月及前几个月窃电较严重而本月窃电较少或无窃电。

（2）查用电量减少是否存在下列原因。

1）抄表过程有误。

2）实际用电量减少。

3）抄表日期提前。

4）原来无窃电而本月有窃电或本月窃电更严重。

若不能排除上述因素，则可认为该客户有窃电嫌疑。当然，客户用电量波动与窃电并无必然联系。实际中客户存在或一直窃电、或用电量多时窃电而用电量少时不窃电、多用多窃少用少窃。因此，电量波动并非判断是否窃电的唯一标准。

2. 前后对照查线损率

我们知道，电网的统计线损由理论线损和管理线损构成。其中理论线损由电网参数和运行状况决定，这部分线损电量通常可以采用计算和在线实测得到；管理线损是由供电部门的管理漏洞和窃电造成的。目前，后者占的比重越来越大。

当某条线路或台区的统计线损突然增加或突然减少，或与相类似的线路、台区对比线损率明显偏高时，应将该线路或台区的所有客户列为重点检查对象。

3. 左右对照查单耗

产品单耗是指生产单位产品的耗电量，等于客户用于生产管理的总用电量与其产品总量的比值。产品单耗反映了一个企业生产技术水平和管理水平。

国家对一些常见工业产品都颁布了产品单耗定额，对于某些不常见的产品单耗，用电检查人员可以参考本地其他厂家或相近产品的单位产品耗电量。

当客户产品单耗下降很多时，应该对客户的用电情况进行分析：是否采用了先进的生产设备和工艺，是否采取了科学的管理方法等，否则该客户有窃电嫌疑。

4. 前后对照查平均功率因数 $\overline{\cos\varphi}$

对于某一类型的企业，由于生产设备大同小异，且生产设备相对稳定，若无功补偿装置运行正常，则客户总用量中有功电能 W_P 和无功电能 W_Q 的比例是相对稳定的，其月 $\overline{\cos\varphi}$ 数值变化不大。若有窃电发生，由于 W_P 与电能电费直接有关往往会大幅度减小，因此 $\overline{\cos\varphi}$ 会变小。若客户利用无功补偿装置使 W_Q 也随之降低，也许 $\overline{\cos\varphi}$ 变化不大，但是窃电者很难保证 W_P 和 W_Q 的比例不变。因此，分析客户 $\overline{\cos\varphi}$ 也是一种侦查窃电的方法。

功率因数分析法比较简单。首先通过本次抄见 W_P 和 W_Q，计算客户的 $\overline{\cos\varphi}$，再与历史值或相关厂家数据比较。一般客户的 $\overline{\cos\varphi}$ 变化应在 10% 以内，当其值变化大于或等于 10%，就须查明原因。

无功补偿装置故障会使补偿容量投入减小，使得客户从电网取用的无功电能 W_Q 增加，进而引起客户 $\overline{\cos\varphi}$ 突然变小。因此在检查客户 $\overline{\cos\varphi}$ 出现异常时，要排除客户无功补偿装置故障的情况。

四、在线监测法

防窃电的在线监测法是指通过客户用电信息采集系统，对客户的电能计量装置运行参数进行实时在线监测，判断客户是否存在窃电行为的方法。

1. 远程监测法

（1）智能防窃电终端系统。电力客户用电信息采集系统（简称采集系统）不但可用来实现远程自动抄表，还可用以防范客户窃电。比如，通过用电量数据的突增、突减线索，可以找出窃电嫌疑客户；通过电压、电流及功率曲线的变化，可顺藤摸瓜查出窃电嫌疑用户和窃电时间；通过线损监控，可找出窃电范围等。只要用电信息采集系统能够采集的电力客户，都可采取这种方法对其进行防窃电工监测。特别是在采集系统基础上，建立的专用变压器客户智能防窃电终端系统，更是将用电信息采集系统的防窃电功能发挥到了极致。下面就重点介绍智能防窃电终端系统。

1）系统构成。智能防窃电终端系统如图 6-1 所示。它由一次无线数据采集器、无线数据接收器、智能电能表、专用变压器终端及主站构成。

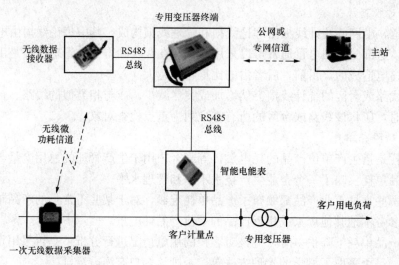

图 6-1 智能防窃电终端系统

2）防窃电原理定性分析。图 6-1 中一次无线数据采集器采集专用变压器客户的一次侧三相电流 I_A、I_B、I_C，电能表则记录二次侧用电信息，通过客户的专用变压器（负荷控制）终端，将二者一并传回系统主站。主站进行两侧数据对比分析，如发现一、二次侧用电信息对比异常，则提示用户有窃电嫌疑，并以负荷功率曲线的形式直观反应窃电的起止时间及窃取电量。

3）防窃电原理定量分析。图 6-1 的原理分析过程如下：

①高压侧视在功率 S_1。即客户真实的用电功率，属应计量的视在功率。由安装在高压侧的采集器采集客户一次侧三相电流有效值 I_1、I_2、I_3，并将其无线传输给接收器，接收器根据公式（6-1），计算出客户一次侧用电负荷视在功率 S_1，并通过 RS485 信道，将其传输到专用变压器终端。

$$S_1 = \sqrt{3} U_1 \times \frac{I_1 + I_2 + I_3}{3} \tag{6-1}$$

式中 S_1——高压侧视在功率，VA；

U_1——高压侧额定电压值（线电压），V；

I_1、I_2、I_3——高压侧三相线电流，A。

②计量侧视在功率 S_1'。即电能计量装置实际计量的视在功率。专用变压器终端通过另一路 RS485 本地信道，读取智能电能表中与 S_1 对应时段内的测量数据：电压互感器二次线电压 U_2 与电流互感器二次电流 I_2，根据公式（6-2）计算二次视在功率并折算到一次侧：

$$S_1'=\sqrt{3}U_2I_2K_UK_I \tag{6-2}$$

式中　S_1'——计量侧视在功率，VA；

　　K_U、K_I——该客户计量用电压、电流互感器额定变比；

　　U_2——电能表测量的二次电压，V；

　　I_2——电能表测量的二次电流，A。

③对比分析。专用变压器智能终端将计量侧 S_1' 和高压侧 S_1 一并传输到系统主站，主站工作平台对比显示客户高压侧和计量侧两条 S-t 负荷曲线，依据事先配置的分析类别及设定的各类报警阈值等，自动进行窃电分析并记录分析结果。如有异常，则立即显示报警信号。例如，某报装容量为 500kVA 的专用变压器客户，图 6-2 所示是其某一天的用电情况在采集系统监控屏上显示的模拟图。显然，该客户电能计量装置在 8 点至 22 点之间计得功率值 S_1' 小于高压侧实际功率 S_1，有窃电嫌疑。需要用电检查人员进一步到现场确认。

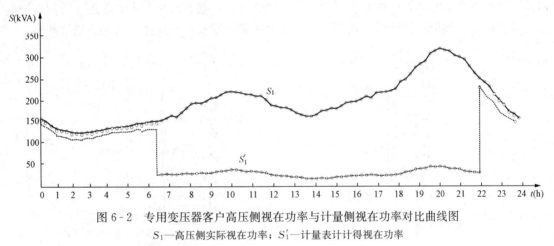

图 6-2　专用变压器客户高压侧视在功率与计量侧视在功率对比曲线图
S_1—高压侧实际视在功率；S_1'—计量表计计得视在功率

④分析注意事项。若专用变压器客户电能计量装置是高供低计方式，则其计量侧视在功率 S_1' 中，不包含专用变压器客户变压器的功率。所以，将 S_1' 与高压侧 S_1 比较，二者本身就存在原理误差，在判断客户窃电嫌疑时，必须考虑变压器的损耗。即 S_1 比 S_1' 数值大，但是，二者曲线会走势基本相同，间隔均匀。不会出现曲线区域性地走势改变、间隔加大现象。

若专用变压器客户电能计量装置是高供高计方式，则其计量侧视在功率 S_1' 中，已包含专用变压器客户变压器的功率。所以，将 S_1' 与高压侧 S_1 比较时，不用考虑变压器的损耗，即 S_1 与 S_1' 应走势相同，曲线基本重合。

（2）主动式防窃电系统。防窃电的精髓在于防患于未然。窃电者一般针对电能计量装置下手，使其计得电能小于客户实际用电量甚至不计。由于电能是有功功率对时间的累积，即功率就是微小电能。如果在客户用电的每时每刻，能知晓其真实用电功率，再将其与电能计量装置计得的实际功率进行对比，当客户不窃电时，二者数值接近相等，否则，有窃电嫌疑。由于这种防窃电方法的特点是主动出击防范，因此，现场人员也称之为"主动式防窃电系统"。这就实现了对客户窃电行为的实时监测，防窃电效果必然高效、准确。

2. 就地监测法

（1）多功能电能表法。利用电子式电能表事件记录功能，就地监测电能表的电压、电流输入情况，并对各种工作状态进行判断记录和结果打印。

（2）专用仪表法。现场安装智能式断压、断流、误接线计时仪，监测计量回路的运行状态，并对各种非正常运行状态自行记录和就地显示。

第二节　判断窃电行为

用电检查人员可以采用一些简便方法对计量装置进行带电检查，进而判断客户是否存在窃电行为。其判断原则是：通过测试电能表的电流或一定负载下的转数（电子式电能表为脉冲数），分析、判断电能表整体运行状况是否正常。

一、钳形电流表法

钳形电流表是一种不需断开被测电流回路就能直接测量电流的仪表，其结构如图6-3所示。钳形电流表是根据电流互感器的工作原理制成的，载有被测电流的那条导线相当于电流互感器的一次线圈。使用时，被测载流导线要尽量从钳头中心穿过，以保证测量准确。

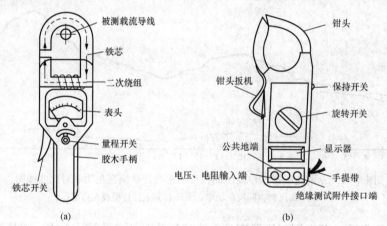

图6-3　钳形电流表的结构
(a) 指针式；(b) 数字式

无论负载电流大小，电能表的进、出电流一定是相等的，否则就会出现漏计现象。这就是用钳形电流表判断是否存在窃电行为的基本原理。现场用钳形电流表法在线测试电能表的进、出电流，判断计量装置接线是否正常的方法称为钳形电流表法。这种方法一般用于低压供电线路中单相电能表或三相四线电能表的接线检查。

例如，在对单相电能表进行检查时，以图4-1为例，因电源侧进出单相电能表的只有一根相线和一根中性线，正常计量时相、中性线电流代数和应为零。检查可依照下述步骤进行：

（1）将相线、中性线一同置于钳形电流表的钳头中心，若钳形电流表的读数为零，则再测量其中一根线的电流，若测量结果不为零，且电能表正向计量，则计量装置接线及功能基本正常。若相线、中性线线合测电流为零，相线、中性线单测电流也为零，则客户可能未用电。

（2）若 $I_{相} \neq I_{中性}$，且单独测相线、中性线电流不为零，则该客户电能表计量存在问题，需要进一步查明。

二、逐相法

由于三相四线有功电能表原理上可看作三块单相电能表，因此，可以采用单独检查各相接线的方法进行检查，即逐相检查法，简称逐相法。

例如，检查带电流互感器的三相四线有功电能表第一元件时，首先要打开电能表小盖，断开电能表上的 B、C 相电压线，人为使电能表两相失电压，如图 6-4 所示。若被检电能表是感应式电能表，其转盘仍正转，只是转速变慢；若是电子式电能表，其脉冲灯闪动频率变慢，则可判断该元件原来运行情况基本正常。其误差是否超差，可采用瓦秒法验证。

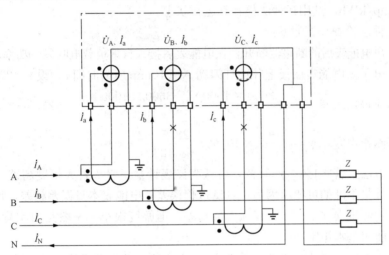

图 6-4 检查第一元件（A 相）的接线图

若断开电能表上 B、C 相电压线后，电子式电能表不发脉冲（感应式电能表转盘不转），则可能存在以下几种原因：①该相确实无负载；②该元件失电压；③该元件电流回路发生了断线、短路故障。后两种就可能是由窃电造成的。

同理，检查第二元件时要断开电能表的 A、C 相电压线；检查第三元件时要断开电能表的 A、B 相电压线，判断方法同上。

三、瓦秒法

瓦秒法也称为实际负载比较法，其检查原理是将运行中计量装置计量的功率 P_x 与线路中的实际功率 P_0 进行比较，定性判断电能计量装置接线是否正确。

具体操作方法如下：用一块标准秒表记录感应式电能表转盘转 $N(\text{r})$ 转或电子式电能表脉冲灯闪动 $N(\text{imp})$ 次实际所用时间 $t(\text{s})$，若已知电能表实际负载为 P_0，则电能表应用的理论时间 T 为

$$T = \frac{3600 \times 1000N}{CP_0} \tag{6-3}$$

式中 N——选定的电能表转数或脉冲灯闪动次数，r 或 imp；

T——对应 N 转（或次）的理论时间，s；

C——有功电能表常数，r/kWh 或 imp/kWh；

P_0——电能表实际负载功率，W。

计量装置的测量误差 γ 为

$$\gamma = \frac{T-t}{t} \times 100\% \tag{6-4}$$

式中 t——对应 N 转（或次）实际所需时间，由标准秒表测得，s。

若误差 γ 未超过电能表误差范围，则说明该套计量装置计量正确。若超过了电能表的准确度等级允许范围，则说明该套计量装置计量有误，再结合直观检查法就可判断客户是否有窃电行为。

【例 6-1】 某 1.0 级单相电子式电能表，额定电压为 220V、标定电流为 40A、电能表常数为 1600imp/kWh，试用瓦秒法检查其运行状态。

解 用瓦秒法检查步骤如下：

(1) 将客户电能表后的断路器断开，在电能表后接入自带负载电吹风，功率 $P_0=1000\text{W}$。

(2) 记录电子式电能表面板上脉冲灯闪动 $N=10\text{imp}$ 所需时间 t，设 $t=23\text{s}$。

(3) 计算应该用时间 $T = \dfrac{3600 \times 1000 N}{CP_0} = \dfrac{3600 \times 1000 \times 10}{1600 \times 1000} = 22.5(\text{s})$。

(4) 计算测量误差 $\gamma = \dfrac{T-t}{t} \times 100\% = \dfrac{22.5-23}{23} \times 100\% = -2.17\%$。

(5) 判断方法：若 $-1\% \leqslant \gamma \leqslant 1\%$，可认为该表计量正常。若大幅度超差，则可认定该表计量不准。计量不准的可能原因为：测试过程误差，电能表本身误差超差，计量装置接线错误。该例中的测试误差 $\gamma = -2.17\%$，虽超差，但幅度很小，一般是由测量误差引起的，可判断为该电能表基本正常。

注意：首先，瓦秒法的使用条件是负载功率稳定，测试期间波动应小于 $\pm 2\%$。其次，瓦秒法结果判断方法是：若客户实际负载作为电能表负载，则检测结果反映了电能表及其接线的综合误差。若甩掉客户负载，接入自带负载，则瓦秒法的检测结果只反映电能表本身的运行误差，不能反映接线错误。最后，瓦秒法适用于检查各类有功、无功电能计量装置，但检查三相电能表时，存在实际用电功率 P_0 难以确定的问题，这时一般分对称与不对称电路两种情况分别处理。如低压三相四线计量装置的负载一般不对称，确定实际用电功率 $P_0 = U_A I_A \cos\varphi_A + U_B I_B \cos\varphi_B + U_C I_C \cos\varphi_C$；而高供高计三相三线计量装置的负载为对称负载，$P_0 = \sqrt{3} U_l I_l \cos\varphi$。因此，使用瓦秒法检查三相电能表时，除了要带标准秒表外，还需带既可以测电压又可以测电流的相位伏安表。

【例 6-2】 某 10kV 高供高计客户，电子式三相三线有功电能表等级 1.0，常数为 2500imp/kWh，计量装置配置的电流互感器变比为 $\dfrac{200\text{A}}{5\text{A}}$，电压互感器变比为 $\dfrac{10\text{kV}}{100\text{V}}$，现场指示仪表数据为：电压 10kV，电流 170A，$\cos\varphi = 0.9$。在负载运行时，电能表脉冲闪 5 次用 20s，试判断该计量装置计量是否准确。

解 一次侧的实际功率为

$$P_1 = \sqrt{3} U_l I_l \cos\varphi = \sqrt{3} \times 10000 \times 170 \times 0.9 = 2650037.7(\text{W})$$

电能计量装置测量的二次侧功率为

$$P_2 = \frac{P_1}{K_U K_I} = \frac{2650037.7}{\frac{10000}{100} \times \frac{200}{5}} = 662.5(\text{W})$$

电能表脉冲闪 5 次的理论时间

$$T = \frac{3600 \times 1000N}{CP_2} = \frac{3600 \times 1000 \times 5}{2500 \times 662.5} = 10.9(\text{s})$$

则测量误差

$$\gamma = \frac{T - t}{t} \times 100\% = \frac{10.9 - 20}{20} \times 100\% = -45.7\%$$

所以该计量装置不准，计量的电能比实际值少。此误差大大超过电能表准确度等级允许的误差范围，可判断该客户可能存在窃电行为。

四、三相三线有功电能表其他检查方法

1. 断 b 相电压法

断 b 相电压法的具体步骤是：

(1) 用标准秒表测出三相三线有功电能表未断 b 相电压前脉冲灯闪 N（imp）所用时间。

(2) 断开三相三线有功电能表 b 相电压进线，接线如图 6-5（a）所示，用秒表测电能表脉冲闪烁同样的次数（imp）所需的时间 t'（s）。

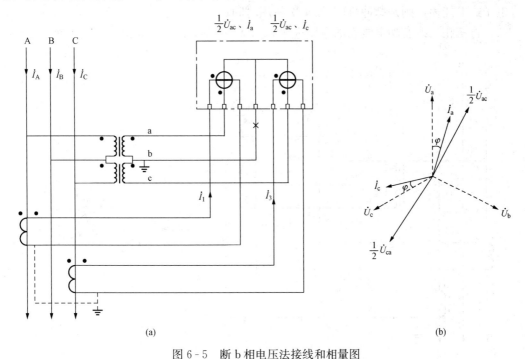

图 6-5 断 b 相电压法接线和相量图
(a) 接线；(b) 相量图

(3) 若 $t'/t \approx 1.6 \sim 2.4$，且电子式电能表的脉冲灯闪动频率变慢，则说明原接线正确，否则有窃电嫌疑。

断 b 相电压法的判断依据为：

①断开 b 相电压进线前，电能表的接线方式是第一元件 $\dot{U}_{ab}$、$\dot{I}_a$，第二元件 $\dot{U}_{cb}$、$\dot{I}_c$。三相三线有功电能表反映的功率为

$$P = U_l I_l \left[\cos(30° + \varphi) + \cos(30° - \varphi) \right] = \sqrt{3} U_l I_l \cos\varphi$$

②断开 b 相电压进线后，电能表的接线方式为：第一元件 $\frac{1}{2}\dot{U}_{ac}$、$\dot{I}_a$，第二元件 $\frac{1}{2}\dot{U}_{ca}$、$\dot{I}_c$。其相量图如图 6-5（b）所示。若三相电压、电流对称，则三相三线有功电能表反映的功率为

$$P' = P'_1 + P'_2 = \frac{1}{2} U_{ac} I_a \cos(30° - \varphi) + \frac{1}{2} U_{ca} I_c \cos(30° + \varphi) = \frac{1}{2}(\sqrt{3} U_l I_l \cos\varphi)$$

即若此时电能表反映的功率为 b 相电压进线断开前的 1/2，则可推断原来的接线是正确的。但由于三相电压、电流不可能完全对称、负载也存在波动等原因，计量相同电能所用时间 t' 不会恰好等于断开 b 相前所用时间 t 的两倍，若 $t'/t = 1.6 \sim 2.4$，就可认为原来的接线是正确的。

断开 b 相电压法同样适用于检查两元件无功电能表的接线，但对 DX2 型无功电能表，由于中相电压是 c 相电压，因此，断开的不是 b 相电压线，而是 c 相电压线。

2. a、c 相电压线交叉法

（1）用秒表测出三相三线有功电能表未交叉 a、c 相电压线前转 N(r) 所需的时间 t(s)。若为电子式电能表，则是脉冲灯闪动 N 次所用时间。

（2）将三相三线有功电能表的电压进线 a、c 相电压线交叉，接线如图 6-6（a）所示。

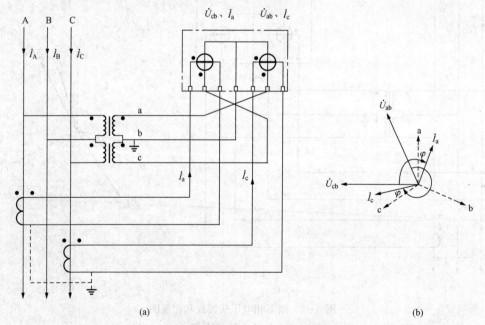

图 6-6　a、c 相电压线交叉法接线图和相量图
(a) 接线图；(b) 相量图

（3）a、c相电压线交叉后，若感应式电能表转盘不转或微微朝一侧转动或电子式电能表脉冲灯闪动频率变得很慢或不闪，则说明原接线正确，否则有窃电嫌疑。

该方法的判断依据如下：电能表正确接线时，第一元件电压、电流为$\dot{U}_{ab}$、$\dot{I}_a$，第二元件电压、电流为$\dot{U}_{cb}$、$\dot{I}_c$，三相三线有功电能表计量的功率为$P = U_l I_l [\cos(30°+\varphi) + \cos(30°-\varphi)] = \sqrt{3} U_l I_l \cos\varphi$；电能表的电压进线a、c相电压线位置交换后，三相三线有功电能表的接线方式变为：第一元件电压、电流为$\dot{U}_{cb}$、$\dot{I}_a$，第二元件电压、电流为$\dot{U}_{ab}$、$\dot{I}_c$，若三相电路对称，其相量图如6-6（b）所示。相量图中两个元件夹角分别为$\overset{\wedge}{\dot{U}_{cb}\dot{I}_a} = 90°+\varphi$，$\overset{\wedge}{\dot{U}_{ab}\dot{I}_c} = 270°+\varphi$，则电能表计量的功率为

$$P' = \dot{U}_{cb}\dot{I}_a\cos(90°+\varphi) + \dot{U}_{ab}\dot{I}_c\cos(270°+\varphi) = \dot{U}_{cb}\dot{I}_a\cos(90°+\varphi) + \dot{U}_{ab}\dot{I}_c\cos(90°-\varphi)$$
$$= -U_l I_l \sin\varphi + U_l I_l \sin\varphi = 0$$

故电能表的a、c相电压线交叉后，若表盘不转（电子式电能表表现为脉冲灯不闪烁）就证明原来的接线正确。注意，由于三相电压、电流不可能完全对称，因此a、c相电压线交叉后$P' \approx 0$，电能表转盘仍微微转动（或脉冲极缓慢闪烁），也可认为原接线正确。

除以上两种方法外，也可采用a、c相电流线交叉法检查，如图6-7所示。接线方式是：第一元件电压、电流为$\dot{U}_{ab}$、$\dot{I}_c$，第二元件电压、电流为$\dot{U}_{cb}$、$\dot{I}_a$，其判断过程和结论与电压交叉法的完全相同。只是操作起来比较麻烦，且容易造成电流二次回路开路。

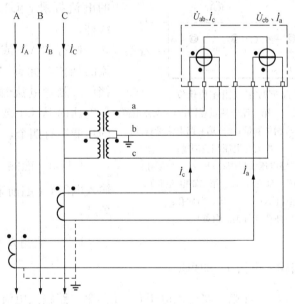

图6-7　a、c相电流线交叉法接线图

第三节　确定窃电方式

仅仅知道客户是否窃电还不够的，还要知道客户如何窃电，才能稳、准、狠地打击窃电行为。所谓确定窃电方式就是在窃电发生后，尽快确定电能计量装置因窃电引发的具体故障

形式，为窃电案件的处理提供可靠的技术依据。具体任务是：确定电压回路、电流回路是否有断线或短路故障；是否发生了电能表上电压、电流进错相故障，即是否存在移相窃电行为。

例如，窃电发生后，三相四线有功电能表实际接入的电压、电流大小和相别无法判定，确定窃电方式就是通过检查和分析，确定接入电压、电流的真实情况，常用的仪表是相位伏安表。

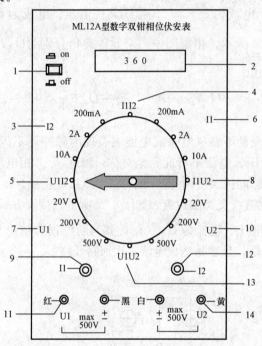

图 6-8　ML12A 型数字双钳相位伏安表

1—电源开关；2—显示屏；3—第二路电流量程挡；4—两路电流相位测量；5—电压与电流相位测量；6—第一路电流量程挡；7—第一路电压量程挡；8—电流与电压相位测量；9—第一路电流插孔；10—第二路电压量程挡；11—红、黑插孔：第一路电压插孔（红正、黑负）；12—第二路电流插孔；13—两路电压相位测量；14—黄、白插孔：第二路电压插孔（黄正、白负）

一、相位伏安表的主要功能

相位伏安表不仅可以测量交流电压、电流，而且还可测量两电压之间、两电流之间、电压、电流之间的相位差，即相量间的夹角，是检查电能计量装置二次回路的理想仪表。下面以图 6-8 所示的 ML12A 型数字双钳相位伏安表为例，介绍其主要功能。

ML12A 型数字双钳相位伏安表的转换开关四周，有 I1、I2、U1、U2、I1I2、U1U2、U1I2、I1U2 几个功能键，转换开关下方的 I1、I2 为被测信号的电流插孔，U1、U2 为电压输入接线柱。

标有"A"或"mA"的是测量电流的挡位，标有"V"的是测量电压的挡位。测量电流时从 I1 或 I2 输入，测量电压时从 U1 或 U2 输入。测量相位的功能挡有四个，它们分别为：

U1U2—能测 $\delta = \hat{\dot{U}_1\dot{U}_2}$，即第一路输入电压 $\dot{U}_1$ 超前第二路输入电压 $\dot{U}_2$ 的角度；

I1I2—能测 $\delta = \hat{\dot{I}_1\dot{I}_2}$，即第一路输

入电流 $\dot{I}_1$ 超前第二路输入电流 $\dot{I}_2$ 的角度；

U1I2—能测 $\delta = \hat{\dot{U}_1\dot{I}_2}$，即第一路输入电压 $\dot{U}_1$ 超前第二路输入电流 $\dot{I}_2$ 的角度；

I1U2—能测 $\delta = \hat{\dot{I}_1\dot{U}_2}$，即第一路输入电流 $\dot{I}_1$ 超前第二路输入电压 $\dot{U}_2$ 的角度。

具体测量方式如下。

（1）测量电压 $\dot{U}$ 超前电流 $\dot{I}$ 的角度。将转换开关旋至"U1I2"，电压 $\dot{U}$ 从 U1（红正、黑负）端输入，电流 $\dot{I}$ 从 I2 插孔输入，电流从钳口带"＊"端流入为正，显示角度 $\delta = \hat{\dot{U}\dot{I}}$ 就是 $\dot{U}$ 超前 $\dot{I}$ 的角度。

（2）检测电压相序。将被测电路的 $\dot{U}_{ab}$ 从 U1 电压端口输入，$\dot{U}_{cb}$ 从 U2 端口输入，测量的相位差 $\delta=\overset{\frown}{\dot{U}_{ab}\dot{U}_{cb}}$，它表示电压 $\dot{U}_{ab}$ 超前电压 $\dot{U}_{cb}$ 的角度。如果 $\delta=\overset{\frown}{\dot{U}_{ab}\dot{U}_{cb}}=300°$，则为正序；如果 $\delta=\overset{\frown}{\dot{U}_{ab}\dot{U}_{cb}}=60°$，则为负序。其判断原理如图 6 - 9 所示。

注意： 电压 $\dot{U}_{ab}$ 超前 $\dot{U}_{cb}$ 是指在相量图中从电压 $\dot{U}_{ab}$ 开始按顺时针转到电压 $\dot{U}_{cb}$ 划过的角度。

（3）检查变压器联结组标号。我国变压器采用 YNy0、YNd11、Yd11 三种联结组标号。当采用 YNy0 接法时，$\dot{U}_{AB}$ 与 $\dot{U}_{ab}$ 同相位，测得相位差为 0°或 360°；当采用 YNd11、Yd11 接法时，$\dot{U}_{AB}$ 与 $\dot{U}_{ab}$ 间的相位差为 30°。

二、确定窃电方式的基本步骤

为了便于检查、分析，先将电能表的测量元件按从左往右的物理位置进行编号。如三相四线有功电能表的三个元件编号方法如图 6 - 10 所示。则其接线方式可以描述为：第一元件电压 $\dot{U}_1$、电流 $\dot{I}_1$，第二元件电压 $\dot{U}_2$、电流 $\dot{I}_2$，第三元件电压 $\dot{U}_3$、电流 $\dot{I}_3$。

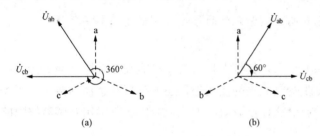

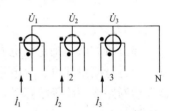

图 6 - 9　相位伏安表相序判断原理

（a）正序 $\delta=\overset{\frown}{\dot{U}_{ab}\dot{U}_{cb}}=300°$；（b）负序 $\delta=\overset{\frown}{\dot{U}_{ab}\dot{U}_{cb}}=60°$

图 6 - 10　三相四线有功电能表的三个元件编号方法

那么，确定窃电方式完成的任务就是确定各个元件上电压 $\dot{U}_1$、$\dot{U}_2$、$\dot{U}_3$ 的相别以及确定电流 $\dot{I}_1$、$\dot{I}_2$、$\dot{I}_3$ 的相别和极性。具体步骤如下：

1. 检查电压回路

检查电压回路的主要任务是：

（1）排除断路、短路故障。通过测量电能表各个元件上的电压值，分析可能存在的断路、短路故障相别并记录，若存在上述故障，应排除对于极性接反故障不必马上排除，可放在移相窃电分析结束后更正。

（2）确定电压 $\dot{U}_1$、$\dot{U}_2$、$\dot{U}_3$ 的相别。用相位伏安表测电能表电压接线柱上电压的实际相序，即可确定接入电能表 $\dot{U}_1$、$\dot{U}_2$、$\dot{U}_3$ 的相别。

2. 检查电流回路

检查电流回路的主要任务是排除断线、短路故障。通过测量电能表各个元件上的电流值，分析断线、短路故障相别并记录，然后排除上述故障。对于极性接反故障同样不必马上排除，可放在移相窃电分析结束后更正。

3. 检查移相窃电

经过电压、电流回路的检查后，电能表应该既有电压又有电流，且都不为零，否则不能进行移相窃电的检查。检查移相窃电主要任务是确定电流 $\dot{I}_1$、$\dot{I}_2$、$\dot{I}_3$ 的相别和极性，方法是：

（1）利用相位伏安表测试下列角度：

第一元件上电压 $\dot{U}_1$ 超前电流 $\dot{I}_1$ 的角度 $\delta_1 = \hat{\dot{U}_1 \dot{I}_1}$；

第二元件上电压 $\dot{U}_2$ 超前电流 $\dot{I}_2$ 的角度 $\delta_2 = \hat{\dot{U}_2 \dot{I}_2}$；

第三元件上电压 $\dot{U}_3$ 超前电流 $\dot{I}_1$ 的角度 $\delta_3 = \hat{\dot{U}_3 \dot{I}_3}$。

（2）利用 δ_1、δ_2、δ_3，画出电能表的实际相量图。

（3）将实际相量图与正确相量图进行比较，根据负载性质、电压、电流同相序、三相电压对称、电流基本对称等条件，分析、推断电能表上实际接入的电压、电流相别。结合前面的断路、短路故障就可以最终确定客户的具体窃电形式。

注意： 三相三线有功电能表只有两个测量元件，由于正确接线时第一个元件电流为 $\dot{I}_a$，俗称 A 元件；第二个元件电流为 $\dot{I}_c$，俗称 C 元件，与三相四线有功电能表的第三元件电流相同。因此，一般将三相三线有功电能表两个测量元件的接线方式描述为第一元件 $\dot{U}_1$、$\dot{I}_1$；第三元件 $\dot{U}_3$、$\dot{I}_3$。

上述分析方法是确定窃电方式的基本步骤，其特点是只需在电能表的表尾小盖（接线端钮盒）处进行测量即可。窃电除了可能改变电能表的接线外，还可改变互感器的接线。当互感器发生断路或短路等故障时，也会影响电能计量数值，为此，需要了解确定互感器故障的常用方法。

三、电压互感器的带电检查

带电检查就是互感器在计量状态下，对互感器的接线、极性、变比及接地点进行检查，确定实际互感器是否存在断线、短路、极性接反等故障。为叙述方便，这里将电压互感器简称为 TV，将电流互感器简称为 TA。

对于整体封闭在铁壳内的三相五柱式 TV，其内部接线在生产厂家已完成，出错的几率极小，除了新安装时需进行试验外，在运行中一般不必检查其内部接线和变比。对于用单相 TV 通过接线组合而成的三相 TV，安装、检修和运行过程中都可能发生改接或错接，因此是重点检查对象。

注意： 在带电检查电压回路和电流回路接线时，一定要严格遵守电能表安装现场的安全工作制度，应特别注意防止因检查接线而造成 TV 二次回路短路或 TA 二次回路开路故障。

1. 检查电压互感器开路故障

被查电压互感器为 Vv0 三相 TV 或 Yy0 三相 TV，检查步骤如下：

（1）打开计量装置联合接线盒，用相位伏安表的 500V 电压挡量程测试 TV 的三个二次电压线电压 U_{ab}、U_{bc}、U_{ca}。

（2）对于 Vv0 三相 TV，若从电压互感器的二次端子测得的三个线电压数值相差较大，如电压为零或明显小于 100V，则 TV 内部一定存在断线或接触不良故障。Vv0 三相 TV 可能故障及相应的二次线电压见表 6-1。根据 TV 二次线电压，便可判断可能存在的故障。

（3）对于 Yy0 三相 TV，若从电压互感器的二次端子测得的三个线电压值有接近 57.7V 的电压，则互感器内部一定存在一次断线或接触不良故障；若三个线电压中有一个明显低于 100V，如 0、50V 等，则互感器内部一定存在二次断线或接触不良故障。Yy0 三相 TV 可能故障及相应的二次线电压见表 6-2。根据 TV 二次线电压的数值，便可判断可能存在的故障。

表 6-1　　　　　　　　　　Vv0 三相 TV 可能故障及相应的二次线电压

序号	可能故障	TV 二次线电压（V）								
		二次空载			二次接一只有功电能表			二次接一只有功电能表和一只无功电能表		
		U_{ab}	U_{bc}	U_{ca}	U_{ab}	U_{bc}	U_{ca}	U_{ab}	U_{bc}	U_{ca}
1		0	100	100	0	100	100	50	100	100
2		50	50	100	50	50	100	50	50	100
3		100	0	100	100	0	100	100	33	67
4		0	100	0	0	100	100	50	100	50
5		0	0	100	50	50	100	67	33	100
6		100	0	0	100	0	100	100	33	67

2. 检查电压互感器极性接反

被查电压互感器为 Vv0 三相 TV 或 Yy0 三相 TV。检查步骤及结果如下。

（1）打开计量装置联合接线盒，用相位伏安表的 500V 电压挡量程测试 TV 的三个二次电压线电压 U_{ab}、U_{bc}、U_{ca}。

表 6-2   **Yy0 三相 TV 可能故障及相应的二次线电压**

序号	可能故障	电压互感器二次线电压（V）								
		二次空载			二次接一只有功电能表			二次一只有功和一只无功电能表		
		U_{ab}	U_{bc}	U_{ca}	U_{ab}	U_{bc}	U_{ca}	U_{ab}	U_{bc}	U_{ca}
1		$\frac{100}{\sqrt{3}}$	100	$\frac{100}{\sqrt{3}}$	$\frac{100}{\sqrt{3}}$	100	$\frac{100}{\sqrt{3}}$	$\frac{100}{\sqrt{3}}$	100	$\frac{100}{\sqrt{3}}$
2		$\frac{100}{\sqrt{3}}$	$\frac{100}{\sqrt{3}}$	100	$\frac{100}{\sqrt{3}}$	$\frac{100}{\sqrt{3}}$	100	$\frac{100}{\sqrt{3}}$	$\frac{100}{\sqrt{3}}$	100
3		100	$\frac{100}{\sqrt{3}}$	$\frac{100}{\sqrt{3}}$	100	$\frac{100}{\sqrt{3}}$	$\frac{100}{\sqrt{3}}$	100	$\frac{100}{\sqrt{3}}$	$\frac{100}{\sqrt{3}}$
4		0	100	0	0	100	100	50	100	50
5		0	0	100	50	50	100	67	33	100
6		100	0	0	100	0	100	100	33	67

（2）对于 Vv0 三相 TV：若在 TV 二次端子测得的三个线电压有接近 173V 的，则互感器存在极性接反故障。Vv0 三相 TV 极性接反时的线电压见表 6-3。

（3）对于 Yy0 三相 TV：若在其二次端子测得的三个线电压有接近 57.7V 的，则互感器存在极性接反故障。Yy0 三相 TV 极性接反时的相量图及线电压见表 6-4。

表 6 - 3　　　　Vv0 三相 TV 极性接反时的线电压

序号	极性接反相别	接线图	相量图	线电压（V）
1	a 相			$U_{ab}=100$ $U_{bc}=100$ $U_{ca}=173$
2	c 相			$U_{ab}=100$ $U_{bc}=100$ $U_{ca}=173$
3	a、c 相			$U_{ab}=100$ $U_{bc}=100$ $U_{ca}=100$

表 6 - 4　　　　Yy0 三相 TV 极性接反时的相量图及线电压

序号	极性接反相别	接线图	相量图	线电压（V）
1	a 相			$U_{ab}=\dfrac{100}{\sqrt{3}}$ $U_{bc}=100$ $U_{ca}=\dfrac{100}{\sqrt{3}}$
2	b 相			$U_{ab}=\dfrac{100}{\sqrt{3}}$ $U_{bc}=\dfrac{100}{\sqrt{3}}$ $U_{ca}=100$

续表

序号	极性接反相别	接线图	相量图	线电压（V）
3	c 相			$U_{ab}=100$ $U_{bc}=\dfrac{100}{\sqrt{3}}$ $U_{ca}=\dfrac{100}{\sqrt{3}}$
4	a、b 相			$U_{ab}=100$ $U_{bc}=\dfrac{100}{\sqrt{3}}$ $U_{ca}=\dfrac{100}{\sqrt{3}}$
5	b、c 两相			$U_{ab}=\dfrac{100}{\sqrt{3}}$ $U_{bc}=100$ $U_{ca}=\dfrac{100}{\sqrt{3}}$
6	a、c 两相			$U_{ab}=\dfrac{100}{\sqrt{3}}$ $U_{bc}=\dfrac{100}{\sqrt{3}}$ $U_{ca}=100$
7	a、b、c 三相			$U_{ab}=100$ $U_{bc}=100$ $U_{ca}=100$

四、电流互感器的带电检查

电流互感器可能出现的故障有：实际变比 K_I' 大于铭牌变比 K_I、二次侧开路、一次侧或二次侧短路、极性接反等故障。

因此，对于 TA 一般通过下列测试步骤来确定其故障形式。

1. 核对 TA 铭牌变比

被检查电流互感器为 Yy0 六线制 TA 时，接线参见图 6-4；为 Vv0 四线制 TA 时，接线参见图 6-5（a）。检查步骤及结果如下：

（1）对于 Vv0 四线制 TA：分别用两块钳形电流表高、低量程同时测 A 相 TA 的一、二次电流 I_A、I_a，并计算变比 $K_A=\dfrac{I_A}{I_a}$，同理测试 C 相 $K_C=\dfrac{I_C}{I_c}$。由于该电路基本对称，因此，应存在 $K_A \approx K_C \approx K_I$，否则该 TA 存在更改线圈匝数或更换铭牌的嫌疑。

（2）对于 Yy0 六线制 TA：分别用两块钳形电流表高、低量程同时测 A 相一、二次电流 I_A、I_a，并计算变比 $K_A=\dfrac{I_A}{I_a}$，同理对于 B、C 相，计算 $K_B=\dfrac{I_B}{I_b}$ 及 $K_C=\dfrac{I_C}{I_c}$。此时应存在 $K_A \approx K_B \approx K_C \approx K_I$，否则该 TA 存在更改线圈匝数或更换铭牌的嫌疑。

注意： 若高压线路中无法直接测量 TA 一次电流，可只测 TA 二次电流，再利用配电柜上的一次电流表的读数，计算实际变比。具体判断方法同（1）、（2）。

2. 检查电流互感器的短路、开路

检查步骤及结果如下：

（1）对于 Vv0 四线制 TA：用相位伏安表 5A 电流量程分别测二次侧两个电流 I_a 和 I_c，应得 I_a（I_c）$\leqslant$ 5A。若其中一相电流为零，而负载不为零，则该相 TA 有三种可能故障：二次绕组 K1、K2 端被短接，一次绕组的 L1、L2 端被短接，TA 二次回路开路。

（2）对于 Yy0 六线制 TA：用 5A 量程分别测二次侧三个电流，应得 I_a（I_b、I_c）$\leqslant$ 5A。若其中一相电流为零，而负载不为零，则可能故障同（1）。

外接短路线一般用直观法确认。

3. 电流互感器的二次接地检查

TA 二次侧要求一端接地，以下是用一根短路线检查 TA 二次侧是否接地的方法：

（1）对于 Vv0 四线制 TA：将短路线一端接地，另一端分别触及 A 相 TA 二次端子 K1、K2，若电能表脉冲闪速不变则该端钮原来已接地；若电能表脉冲闪速变慢甚至不闪，则该端钮原来不接地。同理可查 C 相。

（2）对于 Yy0 六线制 TA：将短路线一端接地，另一端分别触及三台 TA 的二次端 K1、K2，若电能表脉冲闪速不变，则该端钮原来接地；若电能表脉冲闪速变慢甚至不转，则该端钮原来不接地。

表 6-5 示出了感应式电能表与电子式电能表面板变化对应关系，可根据对应变化确定感应式电能表的故障。

【**例 6-3**】　某客户三相四线有功电能表带变比相同的三台电流互感器。三台电流互感器铭牌标示 $K_I=\dfrac{50A}{5A}$。用电压表测得电能表上三个相电压 $U_1 \approx U_2 \approx U_3 \approx 218V$，用相位伏安表 U1U2 挡测量角度 $\overset{\wedge}{\dot{U}_{12}\dot{U}_{32}}=300°$。用两块钳形电流表同时测量三台电流互感器对应的

一、二次电流，结果为 $I_A=38A$，$I_1=3.75A$；$I_B=25A$，$I_2=0A$；$I_C=20A$，$I_3=2A$。用相位伏安表测量三个角度 $\delta_1=\hat{\dot{U}_1\dot{I}_1}=210°$、$\delta_2=\hat{\dot{U}_2\dot{I}_2}=30°$、$\delta_3=\hat{\dot{U}_3\dot{I}_3}=30°$。试分析、判断该套计量装置的错误接线形式。

解　根据确定窃电方式的基本步骤对各测量数据进行分析。

表 6-5　　　　　　　　　　感应式电能表与电子式电能表面板变化对应关系

电能表	部件	电能表的转盘或脉冲灯变化情况			
感应式电能表	转盘	正向转慢	不转	反向转慢	转向不定
电子式电能表	脉冲灯	闪动频率变慢	不闪	闪动频率变慢，无法识别反向	无法识别

1. 查电压回路

由 $U_1\approx U_2\approx U_3\approx 218V$ 和 $\hat{\dot{U}_{12}\dot{U}_{32}}=300°$，可判断电压回路无断路故障，且进电能表电压为三相正序电压，即 $U_1-U_2-U_3-U_n$ 分别对应相别为 A—B—C—N。

2. 查电流回路

三台电流互感器理想变比 $K_I=\dfrac{50A}{5A}=10$。

A 相电流互感器：实际变比 $K_I=\dfrac{I_A}{I_1}=\dfrac{38}{37.5}\approx 10$，基本正常。

B 相电流互感器：$I_2=0A$，按电流互感器短路、开路检查方法，可得其二次侧 K1、K2 被短接。

C 相电流互感器：$K=\dfrac{I_C}{I_3}=\dfrac{20}{2}=10$，基本正常。

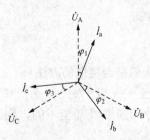

图 6-11　正确接线相量图

3. 查移相法窃电

（1）画相量图。实际负载一般为感性，因此 $0°<\varphi<90°$。正确接线相量图如图 6-11 所示。由电压正序和用相位伏安表测量三相电压、电流的夹角 δ_1、δ_2、δ_3，可画出实际接线相量图，如 6-12（a）所示。电能表实际接线相量图的画法是：

1）画出正序对称三相电压（无论电能表上实际电压相序是正序还是负序，都画成正序。因为按正序还是按负序分析，结果完全相同）；

2）根据 δ_1、δ_2、δ_3 画出三个电流 $\dot{I}_1$、$\dot{I}_2$、$\dot{I}_3$。

例如 $\dot{I}_1$ 画法是：从电压 $\dot{U}_1$（按正序 $\dot{U}_1=\dot{U}_A$，$\dot{U}_2=\dot{U}_B$，$\dot{U}_3=\dot{U}_C$）开始按顺时针方向旋转角度 δ_1（本例中 $\delta_1=\hat{\dot{U}_1\dot{I}_1}=210°$，就是电流 $\dot{I}_1$ 的位置。同理可画出 $\dot{I}_2$、$\dot{I}_3$。

（2）判断过程。实际接线相量图 6-12（a）中，电流应与电压同相序且基本对称，但是实际相量图中 $\dot{I}_1-\dot{I}_2-\dot{I}_3$ 到达顺序为逆时针，且三个电流明显偏向一侧。因此，一定有电流反向。假设将 $\dot{I}_1$ 反向，此时的相量图如图 6-12（b）所示，则三个电流基本对称。将图 6-12（b）与图6-11进行比较可知：电压 $\dot{U}_A$ 和 $\dot{U}_B$ 之间两个电流应是同一个电流，因此，

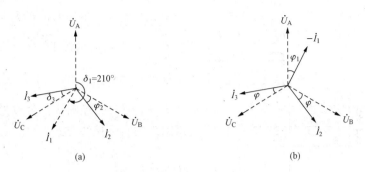

图 6 - 12　实际接线相量图

(a) 实际接线相量图；(b) $\dot{I}_1$ 反向后相量图

$-\dot{I}_1 = \dot{I}_a$，则 $\dot{I}_1 = -\dot{I}_a$，且负载阻抗角 $\varphi = 30°$；电压 $\dot{U}_B$ 和 $\dot{U}_C$ 之间两个电流应是同一个电流，因此，$\dot{I}_2 = \dot{I}_b$，且负载阻抗角 $\varphi = 30°$；电压 $\dot{U}_A$ 和 $\dot{U}_C$ 之间两个电流应是同一个电流，因此，$\dot{I}_3 = \dot{I}_c$，且负载阻抗角 $\varphi = 30°$。

（3）判断结果。从左往右进入电能表的电压为 A−B−C，电流为 $-\dot{I}_a$、$\dot{I}_b$、$\dot{I}_c$。计量装置错误接线如图 6 - 13 所示。

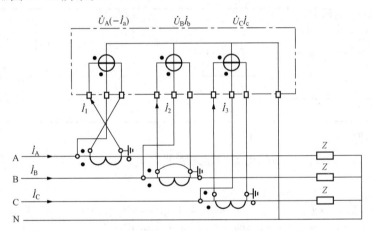

图 6 - 13　［例 6 - 3］计量装置错误接线图

所以，该客户三相负载阻抗角 $\varphi = 30°$，且该套计量装置误接线方式为第一元件电压、电流为 $\dot{U}_A$、$(-\dot{I}_a)$；第二元件电压、电流为 $\dot{U}_B$、$\dot{I}_b$，且 B 相电流互感器二次侧 K1、K2 端子被短接，$\dot{I}_b = 0$；第三元件电压、电流为 $\dot{U}_C$、$\dot{I}_c$。

如果不是假设电流 $\dot{I}_1$ 反向，而是其他电流反向，方向结果肯定不同。但是这样会出现 $\varphi > 90°$，与负载阻抗角 $0° \leqslant \varphi < 90°$ 相矛盾，因此，此例中其他假设不成立。

【例 6 - 4】　某三相三线高压专用变压器用户，电能计量装置包含三相三线有功电能表、V/V−12 三相电压互感器、两台电流互感器采用分相接法分别接入 A 相和 C 相，电能表中无 b 相电流。经现场检查发现，其电压互感器二次无中性点接地，且负载为感性。该套计量装置中心点未接地的参考接线方式如图 6 - 14 所示。按照检查步骤，用相位伏安表测得电能

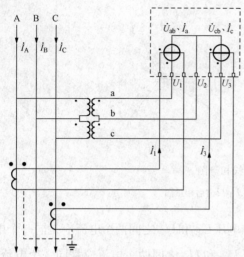

图 6-14　二次中性点不接地的高供高计接线图

表相关数据为：电压 $U_{12}=U_{23}=U_{13}=100V$，电流 $I_1=I_3=4.8A$；$\overset{\wedge}{\dot{U}_{12}\dot{U}_{32}}=60°$；第一元件夹角为 $\delta_1=\overset{\wedge}{\dot{U}_{12}\dot{I}_1}=186°$，第二元件夹角为 $\delta_3=\overset{\wedge}{\dot{U}_{32}\dot{I}_3}=66°$。经确认，负载为感性。试分析该用户的实际接线方式。

解　根据确定窃电方式的基本步骤对检查数据进行分析。

1. 查电压回路

由 $U_{12}=U_{23}=U_{13}=100V$ 和 $(\overset{\wedge}{\dot{U}_{12}\dot{U}_{32}})=60°$ 可判断电压回路无断路故障，且进表电压为三相负序电压。则电能表上电压 U_1—U_2—U_3 相别必定为表 6-6 中所列 1、2、3 排列之一。

表 6-6　　　　　　　　　　负序电压时电能表电压端子可能种类

电能表电压端 负序电压 可能排列种类	$\dot{U}_1$	$\dot{U}_2$	$\dot{U}_3$
1	a	c	b
2	b	a	c
3	c	b	a

2. 查电流回路

$I_1=I_3=4.8A$，说明电能表的电流回路无断线、短路故障。

3. 画相量图

依据 $\delta_1=\overset{\wedge}{\dot{U}_{12}\dot{I}_1}=186°$，$\delta_3=\overset{\wedge}{\dot{U}_{32}\dot{I}_3}=66°$ 画出实际接线相量图。其画法如下：

1）根据电压相序为负相序，按逆时针画出三个相电压 $\dot{U}_1$、$\dot{U}_2$、$\dot{U}_3$。

2）在负序电压相量图中，画出两个线电压 $\dot{U}_{12}$、$\dot{U}_{32}$，再根据夹角 $\delta_1=\overset{\wedge}{\dot{U}_{12}\dot{I}_1}=186°$，$\delta_3=\overset{\wedge}{\dot{U}_{32}\dot{I}_3}=66°$ 画出 $\dot{I}_1$、$\dot{I}_3$。例如，电流 $\dot{I}_1$ 的画法是：从电压 $\dot{U}_{12}$ 开始顺时针转 $186°$ 即为 $\dot{I}_1$ 的位置。由此得到的电能表上电压、电流实际接线相量图如图 6-15 所示。

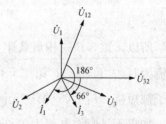

图 6-15　电能表实际接线相量图

4. 错误接线分析

1）$\dot{I}_1$ 位置分析。图 6-15 中，相电流 $\dot{I}_1$ 超前就近相电压 $\dot{U}_2$，这与感性负载时，相电流 $\dot{I}$ 滞后就近相电压相矛盾。因此，图 6-15 中 $\dot{I}_1$ 应为反向—$\dot{I}_1$ 的位置。这样，图 6-15

变为图6-16。其中，$\dot{U}_1$ 与（$-\dot{I}$）位置关系满足负载为感性的要求。

2）$\dot{I}_3$ 位置分析。图6-16中，$\dot{U}_3$ 与 $\dot{I}_3$ 满足感性负载相电压超前就近相电流的要求，因此，$\dot{I}_3$ 的位置不用变换。

3）阻抗角 φ 分析。图6-16中，$\dot{U}_1$ 和（$-\dot{I}_1$）的夹角与 $\dot{U}_3$ 和 $\dot{I}_3$ 的夹角相同。分析可得阻抗角数值为 $\varphi = \dot{U}_1 \overset{\frown}{(-\dot{I}_1)} = \overset{\frown}{\dot{U}_3 \dot{I}_3} = 36°$。

4）电压 $\dot{U}_b$ 端子的判断。为了方便分析，将图6-16中对分析无助的两个线电压 $\dot{U}_{12}$、$\dot{U}_{32}$ 及电流 $\dot{I}_1$ 去掉。相量图变为图6-17。由于电能表中绝无 $\dot{I}_b$ 电流，在图6-17中，$\dot{U}_1 \overset{\frown}{(-\dot{I}_1)}$ 及 $\overset{\frown}{\dot{U}_3 \dot{I}_3}$ 的位置关系满足感性负载要求。因此，它们分别构成了两对相电压与相电流关系。只有 $\dot{U}_2$ 附近没有电流，由此，可判断 $\dot{U}_2 = \dot{U}_b$。

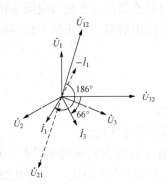
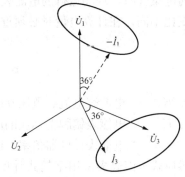

图6-16　电流 I_1 反向后的实际接线相量图　　　图6-17　电流 I_1 反向后的实际接线相量图

5）电能表上电压 $U_1 - U_2 - U_3$ 相别判断。由4）中结论 $\dot{U}_2 = \dot{U}_b$ 和电能表上电压相序为负序，可知电能表上电压 $U_1 - U_2 - U_3$ 相别只可能为表6-6中的第3种 c—b—a。

6）确定电流 $\dot{I}_1$、$\dot{I}_3$ 的相别和极性。在图6-17中，若 $\dot{U}_1$ 为 $\dot{U}_c$，则（$-\dot{I}_1$）$= \dot{I}_c$。即 $\dot{I}_1 = （-\dot{I}_c）$；若 $\dot{U}_3$ 为 $\dot{U}_a$，则 $\dot{I}_3 = \dot{I}_a$。

7）确定电能表的实际接线方式。由上述分析结果可得：

第一元件　$\dot{U}_{12}$、$\dot{I}_1$，实际为 $\dot{U}_{cb}（-\dot{I}_c）$；

第二元件　$\dot{U}_{32}$、$\dot{I}_3$，实际为 $\dot{U}_{ab}\dot{I}_a$。

5. 画电能计量装置实际接线图

根据上述分析结果：第一元件 $\dot{U}_{cb}$（$-\dot{I}_c$）；第二元件 $\dot{U}_{ab}$、$\dot{I}_a$，阻抗角 $\varphi = 36°$ 画出实际接线，如图6-18所示。

6. 计算误接线的更正系数 G_x

电能表正确接线计量的功率为

$$P_0 = \sqrt{3}U_l I_l \cos\varphi = \sqrt{3}U_l I_l \cos 36° = 1.4012 U_l I_l$$

误接线计量的功率为

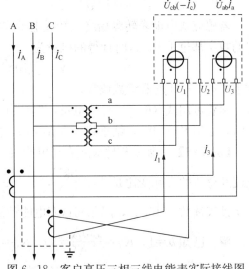

图6-18　客户高压三相三线电能表实际接线图

$$P_x = U_{cb}I_c\cos(\overset{\wedge}{\dot{U}_{12}\dot{I}_1}) + U_{ab}I_a\cos(\overset{\wedge}{\dot{U}_{32}\dot{I}_3}) = U_lI_l\cos186° + U_lI_l\cos66° = -0.5883U_lI_l$$

更正系数为

$$G_x = \frac{P_0}{P_x} = \frac{1.4012U_lI_l}{-0.5883U_lI_l} = -2.3818$$

第四节　处理窃电案件

处理窃电案件是依法对窃电者进行处理或提请电力管理部门以及公安、司法机关处理的过程。对窃电的处理方法与客户的窃电数量有关。因此，正确抄读客户用电量并且确定其窃电量的大小是处理窃电案件的前提。

一、电量抄读

发生窃电案件时，现场运行的电能表，由于实际用的互感器额定变比与电能表铭牌上要求的额定变比不同，在计算电量时必须重新核算电能表的实用倍率。实用倍率也叫乘率，计算公式为

$$B_L = \frac{K_I K_U}{K_I' K_U'} \times b \qquad (6-5)$$

式中　K_I、K_U——电能表电流、电压互感器的实际变比；

$\quad\quad K_I'$、K_U'——电能表铭牌上标注的电流、电压互感器额定变比；

$\quad\quad b$——电能表计度器倍率，kWh/字。没有标示计度器倍率的电能表，$b=1$。

国产感应式电能表多采用字轮式计度器，小数位数常用红色窗口表示。经互感器接入时，由于一个数字代表的电量非常大，因此抄读电量应该精确读到最小位数。某一时段（如一个月）内计量装置测得的电量为

$$W = (W_2 - W_1)B_L \qquad (6-6)$$

式中　W——计量装置计得的电量；

$\quad\quad W_1$——前一次抄见读数；

$\quad\quad W_2$——后一次抄见读数。

若感应式电能表转盘始终正转或电子式电能表始终正向计量，而 $W_2 < W_1$，则说明计度器的数字都过了 9，这时计得的电量为

$$W = [(10^m + W_2) - W_1]B_L \qquad (6-7)$$

式中　m——计度器整数位数。

尽管可用式（6-7）计算电量，但是由于电能表是在正转情况下校验合格的，电能表反转时，必然 $W_2 < W_1$，结果将会存在误差，因此应尽量避免电能表反转。

【例6-5】　某三相感应式有功电能表，计度器有四位整数、两位小数。该电能表电压、电流互感器的实际变比是 $3 \times \dfrac{10\text{kV}}{100\text{V}}$，$3 \times \dfrac{150\text{A}}{5\text{A}}$，电能表始终正转，前次抄表读数 9888.64，后次抄表读数 0010.23，问此间这套电能计量装置计得的电量是多少？

解　已知 $b=1$，$K_I = \dfrac{150\text{A}}{5\text{A}} = 30$，$K_U = \dfrac{10\,000\text{V}}{100\text{V}} = 100$，所以，计量装置的实用倍率为

$$B_L = K_I K_U b = 30 \times 100 \times 1 = 3000$$

由于电能表转盘始终正转，而 $W_2 < W_1$，所以计量装置计得的电量是

$$W = [(10^m + W_2) - W_1] \times B_L = [(10^4 + 10.23) - 9888.64] \times 3000 = 364\ 770(\text{kWh})$$

二、差错电量计算

目前计算差错电量有三种方法：更正系数法、相对误差法和估算法。

1. 更正系数法

更正系数定义为

$$G_x = \frac{W_0}{W_x} \qquad (6-8)$$

式中　W_0——错误接线期间应计量的正确电量，kWh；

　　　W_x——错误接线期间的抄见电量，kWh。

可见，若能求出 G_x，便可根据错误接线期间的抄见电量 W_x 求出正确用电量 W_0。求更正系数 G_x 一般采取功率比值法。由于电能表计量的电量与它反映的功率成正比，因此

$$G_x = \frac{W_0}{W_x} = \frac{P_0}{P_x} \qquad (6-9)$$

式中　P_0——正确接线时电能表反映的功率；

　　　P_x——错误接线时电能表反映的功率。

以三相四线有功电能表为例，功率比值法的实施步骤是：

（1）利用前面介绍的检查手段测量电能表以下数据：第一元件上 $\dot{U}_1$、$\dot{I}_1$ 的大小及夹角 $\delta_1 = \widehat{\dot{U}_1 \dot{I}_1}$，第二元件上 $\dot{U}_2$、$\dot{I}_2$ 的大小及夹角 $\delta_2 = \widehat{\dot{U}_2 \dot{I}_2}$，第三元件上 $\dot{U}_3$、$\dot{I}_3$ 的大小及夹角 $\delta_3 = \widehat{\dot{U}_3 \dot{I}_3}$。

（2）P_x 表达式为

$$P_x = U_1 I_1 \cos\delta_1 + U_2 I_2 \cos\delta_2 + U_3 I_3 \cos\delta_3$$

（3）更正系数为

$$G_x = \frac{P_0}{P_x} = \frac{U_A I_a \cos\varphi + U_B I_b \cos\varphi + U_C I_c \cos\varphi}{U_1 I_1 \cos\delta_1 + U_2 I_2 \cos\delta_2 + U_3 I_3 \cos\delta_3}$$

（4）窃电期间的正确电量为

$$W_0 = G_x W_x$$

（5）差错电量为

$$\Delta W_x = W_x - W_0$$

【例 6-6】 经查一个三相四线客户窃电达两年之久，累积抄见电量为 2000kWh，窃电方式：第一元件电压、电流为 $\dot{U}_A$、$\dot{I}_c$，第二元件电压、电流为 $\dot{U}_B$、$\dot{I}_b$，第三元件电压、电流为 $\dot{U}_C$、$\dot{I}_a$。测得 $\delta_1 = \widehat{\dot{U}_1 \dot{I}_1} = 210°$、$\delta_2 = \widehat{\dot{U}_2 \dot{I}_2} = 30°$、$\delta_3 = \widehat{\dot{U}_3 \dot{I}_3} = 30°$。如果三相电路对称，且负载阻抗角 $\varphi = 30°$，求客户差错电量。

解 由于三相电路对称，所以 $U_A = U_B = U_C = U_P$，$I_a = I_b = I_c = I_p$，因此，误接线期间电能表反映的功率为

$$P_x = U_1 I_1 \cos\delta_1 + U_2 I_2 \cos\delta_2 + U_3 I_3 \cos\delta_3$$
$$= U_A I_c \cos210° + U_B I_b \cos30° + U_C I_c \cos30°$$

$$= -U_P I_p \cos 30° + U_P I_p \cos 30° + U_P I_p \cos 30°$$
$$= U_P I_p \cos 30°$$

更正系数为

$$G_x = \frac{P_0}{P_x} = \frac{3 U_P I_p \cos \varphi}{U_P I_p \cos 30°} = \frac{3 U_P I_p \cos 30°}{U_P I_p \cos 30°} = 3$$

则差错电量为

$$\Delta W = W_x - W_0 = (1 - G_x) W_x = (1 - 3) \times 2000 = -4000 (\text{kWh})$$

由于 $\Delta W < 0$，即 $W_x < W_0$，说明该客户电能计量装置少计电量 4000kWh，客户应补交电费。

注意： 更正系数法只能用于计算 $P_x \neq 0$ 的窃电量；不适用于窃电发生后，电能表转盘不转（电子表脉冲灯不闪动）或转向不定的情况。

因为三相三线有功电能表一般带有互感器，所以窃电发生时接线的检查与分析比较复杂。如果已知三相电压对称且为正序，电能表中无电流 $\dot{I}_b$ 进入，而且又排除了互感器断线或短路故障时，常见窃电方式下 G_x 计算结果表达式可直接查表 6-7。

表 6-7　　　　　　　三相三线有功电能表在对称感性负载时的更正系数

序号	误接线情况						可能的原因	更正系数 G_x
	元件 1			元件 2				
	电压	电流	功率	电压	电流	功率		
1	0	$\dot{I}_a$	0	$\dot{U}_{cb}$	$\dot{I}_a$	$UI\cos(30°-\varphi)$	a 相电压断线	$\dfrac{2\sqrt{3}}{\sqrt{3}+\tan\varphi}$
	$\dot{U}_{ab}$	0	0	$\dot{U}_{bc}$	$-\dot{I}_c$	$UI\cos(30°-\varphi)$	a 相电流回路断线或短路	
2	$\dot{U}_{ab}$	$\dot{I}_a$	$UI\cos(30°+\varphi)$	0	$\dot{I}_c$	0	c 相电压回路断线	$\dfrac{2\sqrt{3}}{\sqrt{3}-\tan\varphi}$
	$\dot{U}_{bc}$	$-\dot{I}_a$	$UI\cos(30°+\varphi)$	$\dot{U}_{cb}$	0	0	c 相电流回路断线或短路	
3	$\dot{U}_{ab}$	$-\dot{I}_a$	$-UI\cos(30°+\varphi)$	$\dot{U}_{cb}$	$\dot{I}_c$	$UI\cos(30°-\varphi)$	a 相电流互感器极性错	$\dfrac{\sqrt{3}}{\tan\varphi}$
	$\dot{U}_{bc}$	$-\dot{I}_a$	$-UI\cos(30°+\varphi)$	$\dot{U}_{cb}$	$-\dot{I}_c$	$UI\cos(30°-\varphi)$	a 相电压互感器极性错	
4	$\dot{U}_{ab}$	$\dot{I}_a$	$UI\cos(30°+\varphi)$	$\dot{U}_{cb}$	$-\dot{I}_c$	$-UI\cos(30°-\varphi)$	c 相电流互感器极性错	$-\dfrac{\sqrt{3}}{\tan\varphi}$
	$\dot{U}_{ba}$	$-\dot{I}_a$	$UI\cos(30°+\varphi)$	$\dot{U}_{bc}$	$\dot{I}_c$	$-UI\cos(30°-\varphi)$	c 相电压互感器极性错	
5	$\dfrac{\dot{U}_{ac}}{2}$	$\dot{I}_a$	$\frac{1}{2}UI\cos(30°-\varphi)$	$\dfrac{\dot{U}_{ca}}{2}$	$\dot{I}_c$	$\frac{1}{2}UI\cos(30°+\varphi)$	b 相电压回路断线	2
	$\dot{U}_{ab}$	$\dfrac{\dot{I}_{ac}}{2}$	$\frac{\sqrt{3}}{2}UI\cos(60°+\varphi)$	$\dot{U}_{cb}$	$\dfrac{\dot{I}_{ca}}{2}$	$\frac{\sqrt{3}}{2}UI\cos(60°-\varphi)$	b 相电流回路断线	

序号	误接线情况						可能的原因	更正系数 G_x
	元件1			元件2				
	电压	电流	功率	电压	电流	功率		
6	$\dot U_{bc}$	$\dot I_a$	$UI\cos(90°-\varphi)$	$\dot U_{ac}$	$\dot I_c$	$-UI\cos(30°+\varphi)$	电压端钮 a、b、c 分别接入 b、c、a 电压	$\dfrac{2\cos\varphi}{\sqrt3\sin\varphi-\cos\varphi}$
7	$\dot U_{ca}$	$-\dot I_a$	$UI\cos(30°-\varphi)$	$\dot U_{ba}$	$-\dot I_c$	$UI\cos(90°-\varphi)$	电压、电流线都接错	$\dfrac{2\cos\varphi}{\sqrt3\sin\varphi+\cos\varphi}$
8	$\dot U_{cb}$	$-\dot I_a$	$UI\cos(90°-\varphi)$	$\dot U_{ab}$	$\dot I_c$	$UI\cos(90°-\varphi)$	电压、电流线都接错	$\dfrac{\sqrt3}{2\tan\varphi}$
9	$\dot U_{ab}$	$-\dot I_b$	$UI\cos(30°-\varphi)$	$\dot U_{cb}$	$\dot I_c$	$UI\cos(30°-\varphi)$	用$-\dot I_b$充当$\dot I_a$	$\dfrac{\sqrt3\cos\varphi}{\sqrt3\cos\varphi+\sin\varphi}$
10	$\dot U_{ab}$	$\dot I_b$	$-UI\cos(30°-\varphi)$	$\dot U_{cb}$	$\dot I_c$	$UI\cos(30°-\varphi)$	用$\dot I_b$充当$\dot I_a$	表不转、无法算出更正系数
	$\dot U_{ba}$	$-\dot I_a$	$UI\cos(30°+\varphi)$	$\dot U_{ca}$	$-\dot I_c$	$-UI\cos(30°+\varphi)$	装表时或检修时接错	
	$\dot U_{ba}$	$\dot I_a$	$-UI\cos(30°+\varphi)$	$\dot U_{ca}$	$\dot I_c$	$UI\cos(30°+\varphi)$	装表时或检修时接错	
	$\dot U_{cb}$	$\dot I_a$	$UI\cos(90°+\varphi)$	$\dot U_{ab}$	$\dot I_c$	$UI\cos(90°+\varphi)$	装表时或检修时接错	

2. 相对误差法

相对误差法是指利用电能计量装置综合误差测试仪，现场测误接线电表的相对误差 γ 的方法。也可另外按正确方式接入一只规格相同的合格电能表，选择常用负载（不低于额定负载的 20%）同时运行一段时间（如一天）。定义客户误接线计量装置的总体相对误差为

$$\gamma=\frac{W'_x-W'_0}{W'_0}\times100\% \tag{6-10}$$

式中　W'_x——试验期间（如一天）误接线电能表计得的电能，kWh，当电能表反向计量时，W'_x应以绝对值代入计算；

　　　W'_0——试验期间（如一天）正确接线电能表计得的电能，kWh。

当实际误接线期间错误电量为 W_x 时，对应的正确电量为

$$W_0=\frac{W_x}{1+\gamma}$$

则客户窃电量为

$$\Delta W=W_x-W_0=W_x-\frac{W_x}{1+\gamma}=\frac{\gamma}{1+\gamma}W_x \tag{6-11}$$

式中　ΔW——差错电量；

　　　W_x——误接线期间电能表计量的电能，kWh，当电能表反向计量时，W_x 应以绝对

值代入计算；

W_0——误接线期间电能表应该计量的电能，kWh。

应该说明的是，γ 不仅包括被检电能表的误差，还包括由于接线错误而产生的计量误差，一般后者比前者大得多。

注意： 相对误差法适用于各种电能计量装置的差错电量计算，但是对于感应式电能表圆盘不转或转向不定的错误接线时不适用。

3. 估算法

当窃电发生后，感应式电能表转盘不转或转向不定或电子式电能表脉冲不闪时，一般采用估算法计算窃电量。它根据《供电营业规则》一百零三条规定确定窃电量。窃电量等于用电负荷（功率）乘以实际窃用时间，接有互感器时还应当乘以互感器变比。因此，要确定窃电量，就必须首先确定客户在窃电期间的窃电设备容量、窃电日数、日窃电时间等。

在实际处理窃电案件时，各级司法机关、电力行政执法部门、供电企业对客户窃电设备容量、窃电日数、日窃电时间的确定方法做了进一步的细化：

（1）窃电时间能够查明的。

1）所窃电量按私接设备的额定容量（kVA 视同 kW）乘以实际窃用时间计算窃电量。

2）自制、改制的以及无铭牌容量的用电设备可按实测的电流值确定设备容量。

3）无法确定实际窃电使用的设备及容量的，按计费电能表标定的最大额定电流值（对装有限流器的，按限流器整定电流值）所对应容量乘以实际窃用时间计算窃电量；

4）通过互感器窃电的，计算窃电量时还应当乘以实际使用互感器倍率。

（2）窃电时间无法查明的。

1）能够查明产量的，按同类产品用电的平均单耗和窃电客户生产的产品产量相乘，加上其他辅助用电量，再减去抄见电量的差额计算。

2）在总电能表上窃电的，按各分电能表电量与正常损耗之和减去总表抄见电量的差额计算。

3）按历史上正常月份用电量与窃电后抄见电量的差额计算，并根据实际用电变化情况进行调整。

4）按照上述方法仍不能确定的，窃电日数每年按 180 天计算；每日窃电时间，电力客户按 12h 计算，照明客户按 6h 计算。

5）对于用电时间尚不足 180 天的，按自开始用电之日起的实际天数计算。

6）安装了电力负荷监控装置的窃电客户，以定期定时连续采取的改后电能表数据作为计算实际用电量的依据，用该监控装置记录的电量减去客户抄见电量的差额作为窃电量。

三、窃电案件处理

从法律性质看，窃电行为及其处理方法分为三种类型：

第一类是轻微窃电行为。违反了供用电合同，为违约用电，属于民事侵权的范畴。供电企业可依据《供电营业规则》和《用电检查管理办法》追究窃电者的民事赔偿责任。供电企业对窃电的处理一般采用这种方式。

第二类是一般窃电行为。除民事侵权外，还有行政违规行为。窃电者既要承担民事赔偿责任，又要受到公安机关、电力管理部门依据《行政处罚法》和《治安管理处罚条例》对窃电者进行罚款、拘留等行政处罚。

　　第三类是严重窃电行为。兼有违约、行政违规和刑事犯罪三重属性，属于刑法制裁的范畴。窃电者除了承担民事赔偿责任、行政违规责任外，还要受到刑法的制裁。

　　对已查获的窃电案件，轻微窃电行为可按《供电营业规则》、《民法通则》追究窃电者民事侵权责任，即追收损失电费加上 3 倍违约使用电费；一般窃电行为可追究民事侵权责任和行政处罚；严重窃电行为除了上述外，还须追诉其刑事责任。各种窃电案件由司法机关按照规定的法律程序直接办理。

 习　题

　　6-1　哪些行为属于窃电行为？

　　6-2　如何用直观法检查客户是否窃电？

　　6-3　客户用电量突然大量减少，可能有哪些原因？

　　6-4　叙述钳形电流表法的原理和注意事项。

　　6-5　什么叫逐相法？它适用于什么范围？

　　6-6　如何确定 Vv0 形接线的三相电压互感器二次侧 a 相发生了断线故障？

　　6-7　试述利用相位伏安表检测三相电压相序的原理。

　　6-8　某低压三相四线计量客户，运行中 b 相电流互感器二次断线，后经检查发现时，断线期间的抄见电量为 10 万 kWh，如果三相负载对称，试求该客户应追补多少电量。

　　6-9　某 10kV 新客户投产，检查时发现错误接线，三相三线有功电能表反映的功率 $P_x = U_l I_l \sin\varphi$。抄表期间负载平均功率因数角 $\varphi = 45°$，电能表读数由 0050.00kWh 变为 0480.00kWh，计量装置的实用倍率 $B_L = 100$，如果三相负载对称，计算错误接线期间的更正系数和差错电量。

　　6-10　高供高计计量装置中，如何确定电压互感器二次侧的接地点？如何确定电流互感器二次侧的接地点？

第七章 电子式电能表的检定

教学要求

了解电能表检定装置的构成、原理、功能；掌握室内检定电子式电能表的内容、方法和要求；理解并掌握电能表的现场检验内容及方法。

第一节 电子式电能表检定装置

一、概述

电能表检定装置根据工作原理可分为电工型电能表检定装置和电子型电能表检定装置。我国在 1984 年以前的检定装置几乎都是电工型。在 20 世纪 70 年代，电能表检定装置十分简陋，信号源就是市电电源，用自耦调压器和变压器进行电压调节，用自耦调压器和升流器进行电流调节，用感应式移相器改变相位，用 0.5 级或 0.2 级感应式电能表作为标准表，用手动开关控制校验并人工计算误差。这种装置的稳定度、失真度、对称度等性能完全取决于市电，无法进行控制，频率也不能调节。进入 20 世纪 70 年代后期，开始用变压器移相器代替庞大笨重的感应式移相器，用磁饱和式稳压器及分立元件电子式稳压器对市电电压进行稳压，并且开始使用光电采样器和控制器，但装置的基本性能并未发生根本性改变。

20 世纪 80 年代中期，国产电子式标准电能表诞生，随后电子式高稳定度功率源问世，使电能表检定装置的性能发生了革命性变化，即产生了电子型电能表检定装置。它的诞生使电能表检定行业出现了一个空前辉煌的时期，从此新技术、新产品不断涌现。目前全国电工型电能表检定装置已基本停止生产，本书主要介绍电子型电能表检定装置。

二、检定装置的结构和原理

电子型电能表检定装置一般由电子式程控功率源、电子式多功能标准电能表、标准电压互感器和标准电流互感器（有些装置不需要互感器）、误差计算器、误差显示器、数字式监视表、光电采样器、手动控制器、计算机、挂表架等组成。电能表检定装置可分为三相电能表检定装置和单相电能表检定装置。

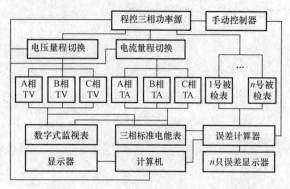

图 7-1 三相电子型电能表检定装置原理框图

1. 三相电子型电能表检定装置结构及原理

三相电子型电能表检定装置原理框图如图 7-1 所示。其工作过程如下：由计算机对电压、电流的幅值、相位、频率发出相关指令，然后程控三相功率源根据指令合成相应的正弦波形，一路信号直接送被检表；一路经电压、电流量程切换后，再经标准电压、电流互感器接于标准电能表。计算机根据标准电能表脉冲读数与被检表的脉冲读数计算出被检表误差。在这里电压、电流量程切换的目的是根据电压、电流的大小选择标准电压、电流互感器的额定一次电压或电流。随着信号源和多功能标准电能表自动量程切换技术的逐步成熟，现在一些电能表检定装置已不再使用互感器，这不仅降低了成本，减小了检定装置的体积和质量，而且避免了互感器比差、角差、量程切换、接点压降等引起的误差，提高了装置的精度。另外，使用多功能标准电能表的装置，所有监视量都在标准电能表界面和计算机操作界面上显示，而且具有标准电能表的测量准确度，传统的监视仪表已无存在的必要。

由于计算机的使用，在电能表检定装置中，各个表位的电能表常数往往可以不同，计算机可以根据输入的表位不同常数，自动算出不同表位的设定脉冲数。电子型电能表检定装置已逐步成为智能设备，不但能够按照有关计量检定规程的要求，自动检定全部项目、计算误差、进行数据修约和判定检定结论、打印检定证书和检验记录，而且能够与计算机网络连接，将检定数据上传，供电力营销信息系统查询和进行计量管理。

电子型电能表检定装置一般还配有手动控制器，以便在计算机或其软件发生故障时，仍能进行手动操作。

2. 单相电子型电能表检定装置结构及原理

单相电子型电能表检定装置的原理框图如图7-2（不带互感器）所示。与三相电能表检定装置不同，单相电子型电能表检定装置使用了隔离电压互感器。因为单相电子式电能表的电压回路与电流回路采用固定连接方式，没有可拆卸的连接片，检定装置难以同时检定多只电能表。使用隔离电压互感器后，互感器的每个二次绕组只接一只被检表。由于标准电能表的功耗比被检电能表小得多，若独占一个绕组，将会带来负荷不平衡误差。为此，通常将标准电能表与某一只被检电能表并联，共用一个绕组。因此，在使用单相电子型电能表检定装置时，必须清楚标准电能表接在哪个表位，以避免在检表时该表位空接。

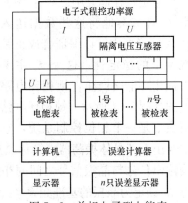

图7-2　单相电子型电能表
检定装置的原理框图

3. 电子式电能表检定装置的各部分作用

电子式程控功率源和电子式标准表是电能表检定装置的两大支柱，除此之外，还有光电转换器。现将其工作原理介绍如下。

（1）电子式程控功率源。包括电子功率源由信号源、功率放大器、控制电路和内部直流稳压电源四部分组成。

1）信号源。信号源是电子型电能表检定装置的核心。作用是产生多相正弦波，并实现输出电压、电流的频率、幅值、相位的调节。按其电子电路的性质可分为模拟信号源和数字信号源。模拟信号源是以模拟电路为基础构成的信号源；数字信号源是以数字电路为基础构成的信号源。模拟电路稳定性差，不易实现程控，因而没有被广泛地采用于电能表的检定装置中。现在的电子式程控信号源几乎全部采用数字技术来实现低频正弦信号的发生。下面简要介绍其工作原理。

①数字波形的合成。将一个周期的正弦波分解成许多点，如以 n 为间隔，则可分成 $360/n$ 个点，然后将每个点的幅值量化成一个二进制数，存储于一个存储器中。当要合成波

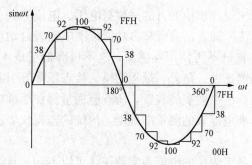

图 7-3　正弦波形数字合成示意图

形时，就将这些二进制数按一个固定的频率 f_i 送入 D/A 转换器的转换器中，在 D/A 转换器的输出端就会产生一个阶梯波，如图 7-3 所示。只要通过低通滤波器滤除高次谐波，就可获得一个完整的正弦波。

电能表的检定装置通常要求输出的电压、电流波形在幅值和相位上有一定的调节分辨力（俗称细度）。因此，电子式程控功率源输出的正弦波相位和幅值也要有一定的分辨率。一般根据相位调节的细度来确定一个周期采样多少数据。当要求相位调节的细度为 0.1° 时，正弦波的一个周期应分为 3600 个点，在存储器中也就应存储 3600 个二进制数。根据幅值调节的细度来确定每个点量化的二进制数的位数，也就是确定 D/A 转换器的位数。当取 $n=8$ 位时，则 D/A 转换器输出幅值的分辨率为 $\dfrac{1}{2^n-1}=\dfrac{1}{128}$，约为 0.8%。

很显然，如果正弦波一个周期内采样的点数和量化的二进制位数越多，合成的正弦波波形的谐波含量越少，但是要求二进制数存储器的容量就越大。

假定在存储器中已经存储好了代表正弦波波形的二进制数据，现在必须以一个稳定的频率 f_i 有节奏地将这些数据送入 D/A 转换器中，以保证合成正弦波频率的稳定性。这个 f_i 主要由锁相环电路产生，锁相环电路框图如图 7-4 所示。锁相环电路实质上是一个相位控制系统，它

图 7-4　锁相环电路框图

主要由石英晶体振荡器（简称晶振）、鉴相器、低通滤波器和压控振荡器等组成。它通过比较输出信号与晶振信号之间的相位差，产生一个误差电压 u'_o 来调整压控振荡器的频率 f_i，将 f_i 锁定为晶振的基准频率 f_R。

由于晶振具有极高的品质因数 Q 值，因此晶振信号频率的稳定度可达 10^{-11}，经锁相环锁定的 f_i 的稳定度也很高。

②数字波形的移相。数字信号源的移相是由数字移相器来完成的。数字移相器主要由相位计数器、数字比较器、波形合成计数器等组成。如前所述，每相正弦波波形是按一个个的周期合成的，当输出一个周期后，波形合成计数器就清零一次，以控制存储器重新从一个完整周期正弦波的二进制数开始向 D/A 转换器逐个输送。如果将两相正弦波波形合成计数器的清零时间错开，就可使合成的两相正弦波之间存在相位差。数字移相器就是根据上述原理完成相位调节的，其原理框图如图 7-5 所示。由图 7-5 可知，相位调节实质上就是控制两相正弦波合成时清零输出的时间间隔。

为了实现相位的程控调节，通常数字比较器的预置数由微处理器控制，所以数字移相的准确度很高。但由于形成波形时要用到低通滤波器，会带来附加相移，从而影响移相的准确度，不过这种影响可由微处理器进行自动补偿。

2）功率放大电路。功率放大电路的作用是将信号源输出的信号放大，并通过升压器或

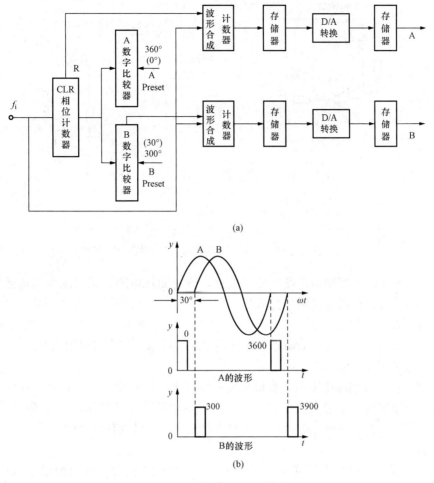

图 7-5 数字移相原理框图

(a) 原理框图；(b) 清零脉冲波形

升流器向负载提供一定的电压和电流。功率放大电路主要由功率放大器、稳幅电路、保护电路等组成，下面对其原理分别介绍。

①功率放大器。放大电路的实质是能量转换电路，功率放大器的作用是使负载获得一定的不失真输出功率。电能表检定装置的负载变化很大，因此，检定装置中的功率放大器必须解决实际负载与放大器输出级的阻抗匹配问题。目前，大多检定装置利用变压器实现阻抗匹配，使功率管保持在最佳负载下工作。图 7-6 为利用变压器进行阻抗匹配的功率放大器，其中电压功率放大器输出恒定的电压，而电流功率放大器输出恒定的电流。这类功率放大器中，变压器的铁芯是主要的非线性部件，为了降低由于非线性引起的波形失真，铁芯的磁通密度要选择比较低的。采用 C 形铁芯变压器，不仅可以减小铁芯的体积，而且还可以降低铁芯损耗。

②保护电路。由于功率放大器经常工作在大信号状态下，为了输出较大的功率，功率管承受的电压较高，通过的电流较大，管耗也较大。因此，功率管的散热问题尤为重要。为降低过热现象，避免功率管损坏，可采用输出管多管并联工作，以降低功率放大器输出级晶体

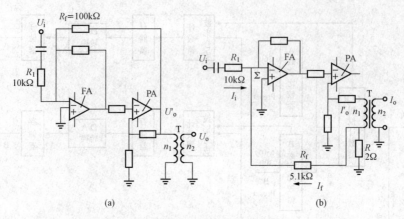

图 7-6　功率放大器

（a）电压功放；（b）电流功放

FA—前置放大器；PA—功率放大器；T—阻抗匹配变压器

管单管功耗；功率放大器输出不使用稳压电路，既可简化电路，又可减少内部热源；另外，还可采用强迫制冷，即通过风扇进行散热。

　　输出功率管经常会因为电压过高而造成二次击穿，以致功率管受损，一般二次击穿的产生与晶体管的制造工艺有关，为防止发生这种现象，可选用二次击穿耐压高的器件。从电路方面来说，可采用以下保护措施：

　　a. 限流保护。在实际电路时，要设法使晶体管工作在安全区以内，而且还要留有裕量。例如：增大功率裕量，改善散热情况，选用较低的电源电压。如果功放电路由稳压电源供电，则可用稳压电源来限流保护，防止功放管过电流；如果没有用稳压电源的，可采用电子限流保护电路。

　　b. 电流保护。为避免因负载开路或短路，或突然加强信号，或电源电压波动很大而产生过电压的可能性，也可采取适当的保护措施以防止很高的感应电压产生，以保护功率管。在电路中与变压器一次相并联的 RC 串联网络也有吸收突变电压的作用。

　　c. 稳幅电路。稳幅电路是保证功放电路稳定输出的关键部分。基本原理是将输出的变化量取出，补偿到输入端。当输出变化量为正值时，补偿作用是负反馈，使输入信号被抵消一部分，以保证输出不变；当输出变化量为负值时，补偿作用是正反馈，使输入信号增大一部分，以保证输出不变。

　　3）控制电路。控制电路一般采用计算机系统进行控制，它主要包括显示电路、故障报警、软启停控制电路等。主要完成以下功能：输出软启停控制，输出电压、电流换挡控制，电压、电流试验点控制，频率控制，相位控制，试验点功率因数控制，输出频率、相位控制，内部音响控制，故障检测报警控制，操作键扫描控制，计算机间串行通信，等。

　　下面分别介绍控制电路各部分的作用及工作原理。

　　①操作键扫描与锁存电路。检定装置的启停以及有关参数的控制值，包括频率、相位、功率因数、电压、电流值等，都可通过操作键输入，然后由相应的锁存器锁存后，驱动相应的继电器接通。单片机通过扫描电路检查各功能键，若发现有按键，则点亮该键指示灯，并转去执行相应的功能。

　　②显示电路。由于频率和相位是以数字量的形式存于计数器中的，因此可以直接送入显

示电路中显示。而电流和电压的幅值是以模拟量的形式出现的，必须转换成数字量，才可送入显示电路中显示。

③电压、电流的换挡继电器驱动电路。检定装置中输出电压、电流具有不同的量限，一般是通过升压器、升流器来改变量程的。电压、电流的换挡是由继电器切换升压器、升流器的二次侧抽头来实现的。

④输出软启停控制。所谓软启停控制，就是当开机或关机、启停输出和换挡时，由于功放电流和输出变压器在切换过程中可能会产生过电压或过电流，一般要求软件控制，使输出先减小，然后再进行继电器操作，切换后再使输出逐步增大。

⑤电压、电流幅值的控制。电能表在检定过程中，需要改变负载点的电压和电流幅值，一般是通过改变数字波形合成电路中的 D/A 转换器的基准电压 U_R 来实现的。基准电压一般是由一个准确度更高的 D/A 转换器产生。

⑥故障检测报警控制。为了保证功率放大电路的稳定、可靠工作，单片机每隔几毫秒检查一次是否有输出故障报警信号，当发现故障后，单片机立即停止输出，并发出报警指示。

4）直流稳压电源。由于电子式检定装置中的电子电路都必须由直流稳压电源供给不同的电压，因此，装置中的直流稳压电源部分也显得尤为重要。通常，装置有三相或单相市电供电，经熔丝和交流接触器加到电源变压器的一次侧，采用△/Y 接线，且有多个二次绕组，以提供多种电压输出，输出电压经整流、稳压、滤波，得到稳定的直流电压。

电流、电压功率放大器的主电源皆采用全波桥式整流，其功率因数接近 1，这时变压器的利用率高，可减少直流纹波和滤波电容量，且整流效率高，负载特性好；稳压电路保证直流电源电压的稳定性。一般稳压电路主要由基准电压、采用电路、误差检测与放大、驱动与复合调整、联动保护等五部分组成。

（2）电子式标准电能表。目前电能表检定装置的标准电能表多采用采样计算技术的多功能电能表，框图如图 7-7 所示，基本工作原理是：电压、电流经高准确度信号取样电路和高准确度、高速度 A/D 转换器，对交流电压、电流信号的瞬时值进行取样，由于分别得到了电压、电流的瞬时值，并通过快速傅里叶变换和其他科学算法在数字信号处理器中对得到的数字信号进行分析处理，按被测参数的定义计算出各相电压、电流的幅度、相位和相位差及各相有功功率、无功功率、视在功率和总有功功率、总无功

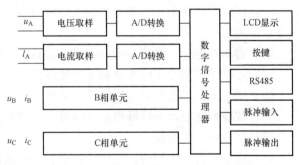

图 7-7　采用采样计算技术的标准电能表框图

功率、总视在功率、功率因数、频率等参数，还可计算出电压、电流各次谐波的含量和失真度。由于得到的所有参数均是数字量，故可利用软件校准技术对测量方法和硬件电路带来的误差进行校正。

（3）光电转换器。检定电能表时，需要采集电能表的电能信息，感应式电能表的转盘和电子式电能表的脉冲指示灯就是电能信息的载体，转盘的累计转数和光脉冲的累计数代表着测得的电能量。光电采样器就是采集转盘转数和光脉冲的专用工具，它按用途可分为反射式和接收式，按固定方式可分为支架式、吸盘式、扣式、磁吸式等。

　　反射式光电头用于校验感应式电能表，它有一个发光管和一个接收管。发光管的光线通过一个凸透镜聚焦，使焦点落到感应式电能表铝转盘边沿附近，铝转盘的光滑边沿将光线反射回来，通过接收管前的凸透镜聚焦后照到接收管。接收管可以是光耦合晶体管，也可以是光敏电阻。当光电头正对着转盘上的色标时，反射的光线明显减弱。根据接收管感受到的光线的强弱变化，可以将光脉冲变为电脉冲。感应式电能表铝转盘只有一个色标，铝转盘每旋转一周，就只产生一个电脉冲。

　　接收式光电头用于电子式电能表，它只有一个接收管，没有光源，对准电能表上的脉冲灯，直接接收光脉冲信号，然后变成电脉冲信号。

　　在进行感应式电能表的启动和潜动试验时，需要确认电能表是否已转了一圈，这就需要首先找色标，即色标定位，俗称对色标。对色标的方法很简单，就是先给电能表通电，使转盘转起来，当用光电头检测到色标的前沿（或后沿）时，切断电源，转盘停止转动，色标暴露在正前方，以便下一步操作。切断电源的方式有切断电压和切断电流两种，前者称为电压对色标，后者称为电流对色标。

三、检定装置的功能

　　现代电能表检定装置在计算机软件的支持下，不仅实现了自动检定、提高了工作效率，而且功能大为扩展，除了满足有关标准和检定规程的全部要求之外，还实现了一些实用性和个性化需求。现以深圳科陆公司生产的 CL3000D 系列产品为例，说明其主要功能。DL/T 614—2007《多功能电能表》规定，多功能电能表的计量性能应能符合静止式电能表和感应式电能表相关标准的要求，所以 CL3000D 的功能分为两大部分，一部分是检验普通电能表的常规功能，一部分是检验多功能电能表的特殊功能。

　　1. 常规功能

　　（1）可以按照检定规程要求，对潜动、启动、基本误差、标准偏差、24h 变差等检定项目实现全自动检定。

　　（2）可以完成对电压、频率、谐波、逆相序、电压不平衡、倾斜、外磁场变化等引起的改变量的测定。

　　（3）自动对色标，以减少潜动、启动试验的时间。

　　（4）可以同时检定不同常数和不同等级表。

　　（5）每一只被检表都有专用误差显示器。

　　（6）按规程规定自动计算启动试验等待时间和潜动试验等待时间。

　　（7）全自动量程切换。

　　（8）自动进行数据修约，打印各种报表，报表格式规范。

　　（9）支持条码输入、误差曲线图、客户系统、误差上下限设置等多种检定方案，管理权限设置，周检计划等。

　　（10）可集中翻转光电采样器。

　　（11）可测量电压、电流、功率、功率因数、相位、频率等参数。

　　（12）可校验各种自然无功电能表和人为无功电能表。

　　（13）可实时显示相量图。

　　（14）可显示同相电压、电流的波形图。

　　（15）可设置和测量 2～21 次谐波，测量波形失真度。

（16）可测量各相电压、电流、功率和总功率的稳定度。

（17）可测量三相电压对称度、三相电流对称度和三相相位之间的最大差值。

（18）有标准电能表脉冲输出，脉冲常数自动设置，也可人工设置。

（19）既可使用计算机自动检表，也可手动检表。

（20）软件校准，简便易行，性能稳定。

（21）自动故障检测，保护功能完善，防止误操作带来的危害。

2. 特殊功能

（1）通信测试。

（2）广播校时。

（3）日计时误差测试。

（4）表内部数据验证。

（5）读、写表设备号。

（6）时区时段测试和设置。

（7）需量示值误差测试。

（8）需量周期误差测试。

（9）时段投切误差测试。

（10）组合误差测试。

（11）电压跌落和中断试验。

（12）正反向有功，正反向无功误差测试。

（13）对电能表内部数据任意读取。

（14）对电能表内部数据任意设置。

第二节　电子式电能表的检定

按照 JJG 596—2012《电子式交流电能表》的要求，对新生产、使用中和修理后，参比频率为 50Hz 或者 60Hz 单相、三相电子式（静止式）交流电能表，要进行首次检定和后续检定。首次检定是对未被检定过的电能表进行的检定，后续检定是在首次检定后的任何一种检定，修理后的电能表须按首次检定进行。需要检定的项目见表 7-1。

表 7-1　　　　　　　　　　　　电子式交流电能表检定项目一览表

检定项目	首次检定[①]	后续检定[②]	检定项目	首次检定[①]	后续检定[②]
外观检查	＋	＋	基本误差	＋	＋
交流电压试验	＋	－	仪表常数试验	＋	＋
潜动试验	＋	＋	时钟日计时误差	＋	＋
启动试验	＋	＋			

① 适用于表内具有计时功能的电能表。

② 符号"＋"表示需要检定，符号"－"表示不需要检定。

一、检定项目及检定方法

1. 外观检查

有下列缺陷之一的电能表判定为外观不合格：

（1）电能表铭牌上标志缺失下列数据之一的：①名称和型号。②制造厂名。③制造计量器具许可标志和编号。④产品所依据的标准。⑤顺序号和制造年份。⑥参比频率、参比电压、参比电流和最大电流。⑦仪表常数。⑧准确度等级。⑨仪表常用的相数和线数。⑩计量单位。⑪Ⅱ类防护绝缘包封仪表双方框符号"回"。

（2）接线图和端子标志缺失。在电能表上应标志出接线图，对于三相电能表还应标志出接入的相序。如果对接线端子进行了编号，则此编号应在接线图对应的位置体现；有计时功能的电能表，应有供测试的秒脉冲输出端子标志。

（3）铭牌字迹不清楚，或经过日照后已无法辨别，影响到日后的读数或计量检定。

（4）内部有杂物。

（5）计度器显示不清晰，字轮式计度器上的数字约有 1/5 高度以上被字窗遮盖；液晶或数码显示器缺少笔画、断码；指示灯不亮等现象。

（6）电能表基本功能不正常。

（7）封印破坏。

2. 交流电压试验

对首次检定的电能表进行 50Hz 或者 60Hz 的交流电压试验。

（1）电能表在环境温度 15～25℃、空气相对湿度 45%～75%、大气压力 80～106kPa 的条件下，所有的电流线路和电压线路以及参比电压大于 40V 的辅助线路连接为一点，另一点是地，试验电压施加于该两点间；对于互感器接入式的电能表，应增加不相连的电压线路与电流线路之间的试验。

（2）试验电压应在 5～10s 内平稳地由零升到规定值并保持 1min，然后以同样速度降到零。试验中电能表不应出现闪络、破坏性放电或击穿；试验后，电能表无机械损坏，电能表应能正确工作。

（3）对Ⅰ类防护电能表，试验电压值为 2kV；对Ⅱ类防护电能表，加在所有的电流线路和电压线路以及参比电压大于 40V 的辅助线路与地之间的试验电压值为 4kV，在工作中不连接的线路之间试验电压值为 2kV。

（4）耐压试验装置额定输出应不少于 500VA，试验电压应为近似正弦波（波形畸变因数不大于 5%），频率为 45～65Hz。

3. 潜动试验

试验时，电流线路不加电流，电压线路施加电压为参比电压的 115%，$\cos\varphi$（$\sin\varphi$）$=$ 1，测试输出单元所发脉冲不应多于 1 个。潜动试验最短试验时间 Δt 按式（7-1）～式（7-3）计算。

0.2S 级表：

$$\Delta t = \frac{900 \times 10^6}{C m U_n I_{max}} \tag{7-1}$$

0.5S、1 级表：

$$\Delta t = \frac{600 \times 10^6}{C m U_n I_{max}} \tag{7-2}$$

2 级表：

$$\Delta t = \frac{480 \times 10^6}{C m U_n I_{max}} \tag{7-3}$$

式中　Δt——潜动试验最短试验时间，min；

　　　C——电能表输出单元发出的脉冲数，imp/kWh 或 imp/kvarh；

　　　U_n——参比电压，V；

　　I_{max}——最大电流，A；

　　　m——系数，对单相电能表 $m=1$，对三相四线电能表 $m=3$，对三相三线电能表

　　　　　$m=\sqrt{3}$。

4. 启动试验

在电压线路施加电压为参比电压 U_n 和 $\cos\varphi(\sin\varphi)=1$ 的条件下，电流线路的电流升到表 7-2 规定的启动电流 I_{st} 后，电能表在启动时限 t_{st} 内应能启动并连续记录。启动时限计算公式为

$$t_{st} \leqslant 1.2 \times \frac{60 \times 1000}{CmU_nI_{st}} \qquad (7-4)$$

式中　I_{st}——启动电流，A；

　　　t_{st}——启动时限，min。

启动试验过程中，字轮式计度器同时转动的字轮不多于两个。

表 7-2　　　　　　　　　　　单相和三相电能表启动电流

类别	有功电能表准确度等级				无功电能表准确度等级	
	0.2S	0.5S	1	2	2	3
	启动电流（A）					
直接接入的电能表	——	——	$0.004I_b$	$0.005I_b$	$0.005I_b$	$0.01I_b$
经互感器接入的电能表	$0.001I_n$	$0.001I_n$	$0.002I_n$	$0.003I_n$	$0.003I_n$	$0.005I_n$

注　经互感器接入的宽负载电能表（$I_{max} \geqslant 4I_b$），按 I_b 确定启动电流。

【例 7-1】　某电能表铭牌上标注为 DTSD，电压为 3×100V，电流为 3×1.5（6）A，常数为 5000imp/kWh，准确度为 1.0 级（有功电能）、2.0 级（无功电能），求该表理论启动时间。

解　$t_{st} = 1.2 \times \dfrac{60 \times 1000}{CmU_nI_{st}}$

经查表 7-2 可知，1.0 级经互感器接入电能表启动电流 $I_{st}=0.002I_n$，则

$$t_{st} = 1.2 \times \frac{60 \times 1000}{5000 \times 3 \times 220 \times 0.002 \times 1.5} \approx 7.27(min)$$

即该表的理论启动时间为 7.27min，大于 7.27min 则认为该表不合格。

5. 基本误差检定

（1）检定接线图。各类型电能表检定接线图如图 7-8～图 7-12 所示。

图 7-8～图 7-12 中的符号说明如下：kWh——有功电能表；kvarh——无功电能表；A——电流表；V——电压表；BYH——电压互感器；L1、K1——电流互感器一、二次绕组的发电机端；W——标准功率表或标准电能表，当用标准电能表法检定时，监视功率因数的功率表或相位表与 W 的接线图相同（图中未画出）。

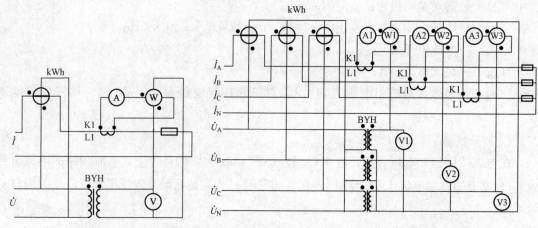

图 7-8　检定单相有功电能表的接线图　　　图 7-9　检定三相四线有功电能表的接线图

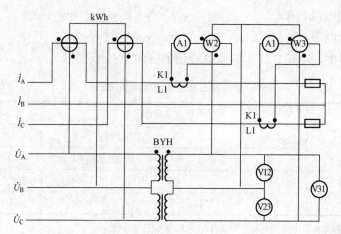

图 7-10　检定三相三线有功电能表的接线图

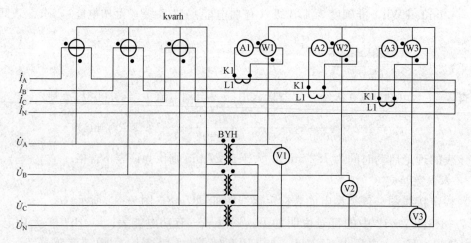

图 7-11　采用三相四线无功标准电能表检定三相四线无功电能表的接线图

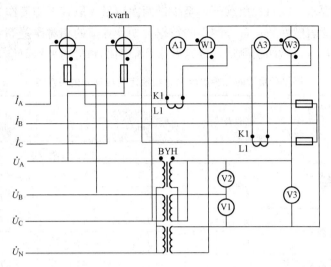

图 7 - 12 采用三相三线无功标准电能表检定三相三线无功电能表的接线图

（2）测量基本误差。接线正确后，在 $\cos\varphi=1$（对有功电能表）或 $\sin\varphi=1$（对无功电能表）的条件下，电压线路加参比电压，电流线路通参比电流 I_b 或 I_n 预热 30min（对 0.2S 级、0.5S 级电能表）或 15min（对 1 级以下的电能表）后，按负载电流逐次减小的顺序测量基本误差。

（3）调定的负载点。在参比频率和参比电压下，通电预热后，通常按表 7 - 3 和表 7 - 4 的规定调定负载点。在不同功率因数下，按负载电流逐次减小的顺序测量基本误差。根据需要，允许增加误差测量点。

表 7 - 3　　　　　　　检定单相及平衡负载下的三相电能表时应调定的负载点

电能表类别		电能表准确度	$\cos\varphi=1$ $\sin\varphi=1$ $(L$ 或 $C)$	$\cos\varphi=0.5L$ $\cos\varphi=0.8(C)$[①] $\sin\varphi=0.5$ $(L$ 或 $C)$	$\sin\varphi=0$ $(L$ 或 $C)$	特殊要求时 $\cos\varphi=0.25(L)$ $\cos\varphi=0.5(C)$
			负载电流[②]			
直接接入	有功电能表	1，2	I_{max}，$(0.5I_{max})$[②]，I_b，$0.1I_b$，$0.05I_b$	I_{max}，$(0.5I_{max})$[②]，I_b，$0.2I_b$，$0.1I_b$	—	I_{max}，$0.2I_b$
	无功电能表	2，3	I_{max}，$(0.5I_{max})$[②]，I_b，$0.1I_b$，$0.05I_b$	I_{max}，$(0.5I_{max})$[②]，I_b，$0.2I_b$，$0.1I_b$	I_b	—
经互感器接入	有功电能表	0.2S，0.5S	I_{max}，I_n，$0.05I_n$，$0.01I_n$	I_{max}，I_n，$0.1I_n$，$0.02I_n$	—	I_{max}，$0.1I_n$
		1，2	I_{max}，I_n，$0.05I_n$，$0.02I_n$	I_{max}，I_n，$0.1I_n$，$0.05I_n$	—	I_{max}，$0.1I_n$
	无功电能表	2，3	I_{max}，I_n，$0.05I_n$，$0.02I_n$	I_{max}，I_n，$0.1I_n$，$0.05I_n$	I_n	—

① $\cos\varphi=0.8$（C），只适用于 0.2S、0.5S 和 1 级有功电能表；

② 当 $I_{max}\geqslant 4I_b$ 时，应适当增加负载点，如增加 $0.5I_{max}$ 负载点等；经互感器接入的宽负载电能表（$I_{max}\geqslant 4I_b$）[如 3× 1.5 (6) A]，其计量性能仍按 I_b 确定。

（4）测定次数要求。在每一负载下，至少做两次测量，取其平均值作为测量结果。若不能正确采集被检电能表脉冲数，舍去测得的数据。如计算值的相对误差等于该表基本误差限的 0.8 倍或 1.2 倍，应再做两次测量，取这两次和前两次测量的平均值作为测量结果。

表 7 - 4　　　　　　　　　不平衡负载时三相电能表分组检定时应调定的负载点

电能表类别		电能表准确度等级	$\cos\varphi=1$ $\sin\varphi=1$（L 或 C）	$\cos\varphi=0.5L$ $\sin\varphi=0.5$（L 或 C）
			负载电流	
直接接入	有功电能表	1，2	I_{max}，I_b，$0.1I_b$	I_{max}，I_b，$0.2I_b$
	无功电能表	2，3	I_{max}，I_b，$0.1I_b$	I_{max}，I_b，$0.2I_b$
经互感器接入	有功电能表	0.2S，0.5S	I_{max}，I_n，$0.05I_n$	I_{max}，I_n，$0.1I_n$
		1，2	I_{max}，I_n，$0.05I_n$	I_{max}，I_n，$0.1I_n$
	无功电能表	2，3	I_{max}，I_n，$0.05I_n$	I_{max}，I_n，$0.1I_n$

6. 测定方法

一般采用标准电能表法和瓦秒法检定电能表。

（1）标准电能表法。标准电能表与被检电能表都在连续工作的情况下，用被检电能表输出的脉冲（低频或高频）控制标准电能表计数来确定被检电能表的相对误差。被检电能表的相对误差 γ 为

$$\gamma = \frac{m_0 - m}{m} \times 100\% \tag{7-5}$$

式中　m——实测脉冲数；

　　　m_0——算定（或预置）的脉冲数，计算公式为

$$m_0 = \frac{C_0 N}{C_L K_I K_U} \tag{7-6}$$

式中　N——被检电能表低频或高频脉冲数；

　　　C_0——标准表的（脉冲）仪表常数，imp/kWh；

　　　C_L——被检表的（脉冲）仪表常数，imp/kWh；

K_I、K_U——标准表外接的电流、电压互感器变比。当没有外接电流、电压互感器时，K_I、K_U 都等于 1。

对铭牌上标有电流互感器变比 K_L 及电压互感器变比 K_Y 经互感器接入的电能表，算定脉冲数 m_0 计算公式为

$$m_0 = \frac{C_0 N}{C_L K_L K_Y K_I K_U} \tag{7-7}$$

要适当地选择被检电能表的低频（或高频）脉冲数 N 和标准电能表外接的互感器量程或标准电能表的倍率开关挡，使算定（或预置）脉冲数和实测脉冲数满足表 7 - 5 的规定，同时每次测试时限不少于 5s。

（2）瓦秒法。用标准功率表测定调定的恒定功率，或用标准功率源确定功率，同时用标准测时器测量电能表在恒定功率下输出若干脉冲所需时间，该时间与恒定功率的乘积所得实

际电能，与电能表测定的电能相比较来确定电能表的相对误差。相对误差按式（7-8）计算

$$\gamma = \frac{m - m_0}{m_0} \times 100\%$$ (7-8)

式中 m——实测脉冲数，即电能表有误差时在 T_n（s）内显示的脉冲数；

m_0——算定（或预置）的脉冲数，计算公式为

$$m_0 = \frac{CPT_n K_I K_U}{3.6 \times 10^6}$$ (7-9)

式中 T_n——选定的测量时间，s；

P——调定的恒定功率值，W。

表 7-5 算定（或预置）脉冲数、功率表或功率源显示位数
和显示被检电能表误差的小数位数

检定装置准确度等级	0.05 级	0.1 级	0.2 级	0.3 级
算定（或预置）脉冲数	50000	20000	10000	6000
功率表或功率源显示位数	6	5	5	5
显示被检电能表误差的小数位数（%）	0.001	0.01	0.01	0.01

用自动方法控制标准测时器，被检电能表连续运行，测定时间不少于 10s；若用手动方法控制标准测时器，被检电能表连续转动，测量时间不少于 50s。若标准功率表或标准功率源所发功率脉冲序列不够均匀或其响应速度较慢，还需适当增加测量时间。功率表或功率源显示位数满足表 7-5 的规定。

7. 仪表常数试验

（1）计读脉冲法。在参比频率、参比电压和最大电流及在 $\cos\varphi = 1$（对有功电能表）或 $\sin\varphi = 1$（对无功电能表）的条件下，被检电能表计度器末位（是否是小数位无关）改变至少 1 个数字，输出脉冲数 N 应符合式（7-10）的要求，即

$$N = bC \times 10^{-a}$$ (7-10)

式中 a——计度器小数位数，无小数位时 $a = 0$；

b——计度器倍率，未标注者为 1；

C——被检电能表常数，imp/kWh（kvarh）。

（2）走字试验法。在规格相同的一批被检电能表中，选用误差较稳定（在试验期间误差的变化不超过 1/6 基本误差限）而常数已知的两只电能表作为参照表。各表电流线路串联而电压线路并联，在参比电压和最大电流及 $\cos\varphi$（$\sin\varphi$）=1 的条件下，当计度器末位（与是否是小数位无关）改变不少于 15（对 0.2S 和 0.5 级表）或 10（对 1～3 级表）个数字时，参照表与其他表的示数（通电前后示值之差）应符合式（7-11）的要求

$$\gamma = \frac{D_i - D_0}{D_0} \times 100 + \gamma_0 \leqslant 1.5\ \text{倍基本误差限}$$ (7-11)

式中 D_0——两只参照表示数的平均值；

γ_0——两只参照表相对误差的平均值（%）；

D_i——第 i 只被检电能表的示数（$i = 1, 2, 3, \cdots, n$）。

（3）标准表法。对规格完全相同的一批被检电能表，可用一台标准电能表校核电能表常

数。将各被检电能表与标准电能表的同相电流线路串联，电压线路并联，加额定最大负荷运行一段时间。停止运行后，按式（7-12）计算每个被检表的误差 γ（%），要求 γ（%）不超过基本误差限。

$$\gamma = \frac{W' - W}{W} \times 100 + \gamma_0 \qquad (7-12)$$

式中　γ_0——标准表或检定装置的已定系统误差（%），不需更正时 $\gamma_0 = 0$；

　　　W'——每台被检表停止运行与运行前示值之差（kWh）；

　　　W——标准电能表显示的电能值（换算成 kWh）。

在此，要使标准电能表与被检电能表同步运行，且运行的时间要足够长，以使被检电能表计度器末位一个字（或最小分格）代表的电能值与所记录的 W' 之比（%）不大于该被检电能表等级值的 1/10。

若标准电能表显示位数不够多，可用计数器记录标准电能表的输出脉冲数 m。

若标准表经外配电流、电压互感器接入，则 W 要乘以电流、电压互感器的变比 K_{I}、K_{U}。

8. 测定时钟日计时误差

电压线路（或辅助电源线路）施加参比电压 1h 后，用标准时钟测试仪测电能表时基频率输出，连续测量 5 次，每次测量时间为 1min，取其算术平均值，其误差限为 ±0.5s/d。

二、检定结果的处理

1. 测量数据修约

（1）修约间距数为 1 时的修约方法。保留位右边对保留位数字 1 来说，若大于 0.5，则保留位加 1；若小于 0.5，则保留位不变；若等于 0.5，则保留位是偶数时不变，保留位是奇数时加 1。

（2）修约间距数为 $n(n \neq 1)$ 时的修约方法。将测得数据除以 n，再按（1）的修约方法修约，修约以后再乘以 n，即为最后修约结果。

注意：保留位是指比仪表等级指数多一位的数值。

（3）按表 7-6 的规定，将电能表相对误差修约为修约间距的整数倍。然后以修约后的结果为准对比表 7-7、表 7-8，判断电能表是否超差。

（4）日计时误差的化整间距为 0.01s/d。

例如，检定 1.0 级电能表时，在某一负载功率下重复测得相对误差的平均值如下所列。根据表 7-6 可知，其修约间距应为 0.1，即把相对误差保留在小数点后面第一位，多余的位数按修约规则处理。修约数据如下：0.4599→0.5，0.6500→0.6，0.0499→0.0，0.3500→0.4，0.3286→0.3，0.8501→0.9。

再如，当被检电能表为 0.5 级时，其化整方法如下：0.5749÷5=0.1149→0.11×5=0.55，0.3750÷5=0.075→0.08×5=0.40，0.4329÷5=0.08698→0.09×5=0.45，0.525÷5=0.105→0.10×5=0.50。

2. 检定证书

检定合格的电能表，出具检定证书或检定合格证，由检定单位在电能表上加封印或加注检定合格标记；检定不合格的电能表发检定结果通知书，并注销原检定合格封印或检定合格标记。

3. 检定周期

0.2S级、0.5S级有功电能表，其检定周期一般不超过6年；1级、2级有功电能表和2级、3级无功电能表，其检定周期一般不超过8年。

表 7-6　　　　　　　　　　　　　　相 对 误 差 修 约 间 距

电能表准确度等级	0.2S	0.5S	1	2	3
修约间距（%）	0.02	0.05	0.1	0.2	0.2

表 7-7　　　　　　　　　　单相电能表和平衡负载时三相电能表的基本误差限

类别	直接接入	经互感器接入④	功率因数 $\cos\varphi$②	电能表准确度等级				
	负载电流①			0.2S③	0.5S③	1	2	3
				基本误差限（%）				
有功电能表	—	$0.01I_n \leq I < 0.05I_n$	1	±0.4	±1.0	—	—	
	$0.05I_b \leq I < 0.1I_b$	$0.02I_n \leq I < 0.05I_n$	1	—	—	±1.5	±2.5	
	$0.05I_b \leq I \leq I_{max}$	$0.05I_n \leq I \leq I_{max}$	1	±0.2	±0.5	±1.0	±2.0	
			0.5（L）	±0.5	±1.0			
	—	$0.02I_n \leq I < 0.1I_n$	0.8（C）	±0.5	±1.0			
			0.5（L）			±1.5	±2.5	
	$0.1I_b \leq I < 0.2I_b$	$0.05I_n \leq I < 0.1I_n$	0.8（C）			±1.5		
	$0.2I_b \leq I \leq I_{max}$	$0.1I_n \leq I \leq I_{max}$	0.5（L）	±0.3	±0.6	±1.0	±2.0	±0.3
			0.8（C）	±0.3	±0.6	±1.0		±0.3
	用户特殊要求时		0.25（L）	±0.5	±1.0	±3.5		
	$0.2I_b \leq I \leq I_{max}$	$0.1I_n \leq I \leq I_{max}$	0.5（C）	±0.5	±1.0	±2.5		
无功电能表	$0.05I_b \leq I < 0.1I_b$	$0.02I_n \leq I < 0.05I_n$	1	—	—		±2.5	±4.0
	$0.1I_b \leq I \leq I_{max}$	$0.05I_n \leq I \leq I_{max}$	1				±2.0	±3.0
	$0.1I_b \leq I < 0.2I_b$	$0.05I_n \leq I < 0.1I_n$	0.5				±2.5	±4.0
	$0.2I_b \leq I \leq I_{max}$	$0.1I_n \leq I \leq I_{max}$	0.5				±2.0	±3.0
	$0.2I_b \leq I \leq I_{max}$	$0.1I_n \leq I \leq I_{max}$	0.25				±2.5	±4.0

无功电能表功率因数列标注为 $\sin\varphi$（L 或 C）。

①　I_b—基本电流，I_{max}—最大电流，I_n—经电流互感器接入的电能表额定电流，其值与电流互感器二次额定电流相同；经电流互感器接入的电能表最大电流 I_{max} 与互感器二次额定扩展电流（$1.2I_n$、$1.5I_n$ 或 $2I_n$）相同。

②　角 φ 是星形负载支路相电压与相电流间的相位差；L—感性负载，C—容性负载。

③　对 0.2S级、0.5S级表只适用于经互感器接入的有功电能表。

④　经互感器接入的宽负载电能表（$I_{max} \geq 4I_b$）［如 3×1.5（6）A］，其计量性能仍按 I_b 确定。

表 7-8　　　　　　　　　　不平衡负载①时三相电能表的基本误差限

直接接入的电能表	经互感器接入的电能表	每组元件功率因数 $\cos\theta$②、$\sin\theta$	有功电能表准确度等级				无功电能表准确度等级	
			0.2S	0.5S	1	2	2	3
负载电流			基本误差限（%）					
$0.1I_b \leq I \leq I_{max}$	$0.05I_n \leq I \leq I_{max}$	1	±0.3	±0.6	±2.0	±3.0	—	—
$0.2I_b \leq I \leq I_{max}$	$0.1I_n \leq I \leq I_{max}$	0.5（L）	±0.4	±1.0	±2.0	±3.0	—	—
$0.1I_b \leq I \leq I_{max}$	$0.05I_n \leq I \leq I_{max}$	1（L 或 C）	—	—	—	—	±3.0	±4.0

续表

直接接入的电能表	经互感器接入的电能表	每组元件功率因数 $\cos\theta^{②}$、$\sin\theta$	有功电能表准确度等级				无功电能表准确度等级	
			0.2S	0.5S	1	2	2	3
负载电流			基本误差限（％）					
$0.2I_b \leqslant I \leqslant I_{max}$	$0.1I_n \leqslant I \leqslant I_{max}$	0.5（L 或 C）	—	—	—	—	±3.0	±4.0
I_b		1	不平衡负载与平衡负载时的误差之差不超过/％					
	I_n		±0.4	±1.0	±1.5	±2.5	±2.5	±3.5

① 不平衡负载是指三相电能表电压线路加对称的三相参比电压，任一相电流线路通电流，其余各相电流线路无电流。

② 角 θ 是指加在同一组驱动元件的相（线）电压与电流间的相位差。

第三节　电子式电能表的现场检验

在试验室检定合格的电能表在现场运行一段时间后，也会产生误差。实际上电力公司对电能表的现场运行管理非常严格，按照电力行业标准《电能计量装置技术管理规程》的要求，新投运或改造后的Ⅰ、Ⅱ、Ⅲ、Ⅳ类高压电能计量装置应在 1 个月内进行首次现场检验；对于Ⅰ类电能表至少每 3 个月现场检验一次，Ⅱ类电能表至少每 6 个月现场检验一次，Ⅲ类电能表至少每年现场检验一次。现场检验是一项非常有意义的工作，它不但能检验电能表的误差，而且能及时发现计量装置运行是否准确可靠。

一、现场检验内容

现场检时，应检验以下内容。

（1）在实际负载下测定电能表的误差。

（2）多费率电能表内部时钟校准。

（3）检查电能表和互感器的二次回路接线是否正确。

（4）检查是否存在计量差错和不合理的计量方式。

（5）对多功能表还应进行功能检查、供电电池检查和失电压计时检查。

（6）测量电能表带实际负荷运行时的负载点误差，即现场误差测定。

二、现场检验条件

1. 检验现场要求

为确保现场检验的准确性，一般来讲，现场检验应符合下列要求：

（1）现场检验工作至少由两名持证（计量检定员证和安全考核合格证）人员担任，并应严格遵守 DL 408—1991《电业安全工作规程（电力线路部分）》的有关规定。

（2）环境温度为 0～35℃。

（3）电压对额定值的偏差不超过±10％。

（4）频率对额定值的偏差不超过±5％。

（5）现场检验时，负载应为实际的经常负载。当负载电流低于被检电能表基本电流的10％或功率因数低于 0.5 时，不宜进行误差测定；对于已停电的电能表，可采用对电能表施加电源的方式进行校验。

（6）通入标准电能表的电流应不低于其基本电流的 20％。

2. 现场校验对标准电能表的要求

现场检验电能表的误差，一般用标准电能表法。标准电能表可以是单相或三相电能表和具有多种功能的现场校验仪。标准电能表在使用中应遵守以下规定：

（1）标准电能表必须具备运输和保管中的防尘、防潮和防振措施，且附有温度计。

（2）标准电能表必须按固定相序使用，并且在表上有明显的相别标志。

（3）标准电能表的通电预热时间，应严格按照使用说明书中的要求。如无明确要求应按照 JJG 307—2006《机电式交流电能表检定规程》执行，即电压线路加电压应不少于 60min，电流线路通以电流不少于 15min 后测定基本误差。

（4）标准电能表和试验端子之间的连接导线应有良好的绝缘，中间不允许有接头，还应有明显的极性和相别标志。

（5）电压回路的连接导线以及操作开关的接触电阻、引线电阻之总和不应大于 0.2Ω，必要时也可以与标准电能表连接在一起校准。

三、现场校验的接线及步骤

1. 接线原则

现场测定误差时，标准电能表应通过专用的试验端子接入电能表回路，其接线方式应满足以下三个基本原则：

（1）标准电能表的接入不应影响被检电能表的正常工作。

（2）标准电能表的电流线圈应串入被检电能表的电流回路，标准电能表的电压线圈应并入被检电能表的电压回路。

（3）应确保标准电能表与被检电能表接入的是同一电压和电流。

2. 实例

（1）单相电能表现场校验。现场校验单相电能表时，标准电能表应按图 7-13 所示接线方式接入被检电能表电路。图 7-13（a）是接线原理图，图中 W_0 是单相标准电能表或功率表；图 7-13（b）是实际接线图。

试验步骤如下：

1）将客户的负荷开关打开。

2）将被检电能表的相线拆除，用胶布包妥。

3）将标准电能表电流负极导线端子接入被检电能表的第一个端子（即拆除了相线的端子）。

4）标准电能表的相线与拆下来的被检电能表的相线相连，如图 7-13 中"→←"处。至此，就将标准电能表的电流线圈串入了被检电能表的电流回路。

5）电压回路按图 7-13 接好即可。测试开关可以控制标准电能表电压线圈通和断。

6）检查接线无误后，才能开始测试。首先打开标准电能表的测试开关，合上客户的负荷开关，并要求客户投入电气设备运行作为负荷进行测试。此时被检表转盘应该开始转动，对准被检表的转盘标志后校验人员就可以合上标准表的测试开关，开始测试误差。被检电能表的误差为

$$\gamma = \frac{N_0 - n}{n} \times 100\%$$

式中　N_0——被检电能表的算定转数。这里

$$N_0 = \frac{C_0}{C_x} N$$

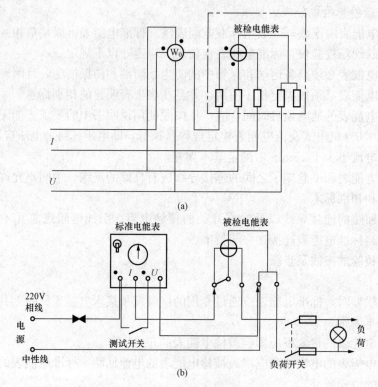

图 7 - 13　检验单相电能表的接线

（a）原理图；（b）实际接线图

式中　　N——试验时被检电能表的选定转数或脉冲数；

　　　　C_0——标准电能表的常数，r/kWh 或 imp/kWh；

　　　　C_x——被检电能表的常数，r/kWh 或 imp/kWh。

测出的误差不超过被检电能表等级规定的误差限值为合格。

7）切除负荷电流检查有无潜动。

只有误差合格且无潜动的电能表才算合格。注意，现场测定误差时，至少应读取两次数据，然后取其算术平均值作为运行负载点的相对误差，但有明显错误的读数应舍去。如果测得的相对误差接近于基本误差限的 0.8 或 1.2 倍时，应至少再进行两次测量，取这两次与原测得数据的算术平均值计算相对误差。

（2）三相三线有功电能表的现场校验。必须进行现场校验的三相三线有功电能表，一般都安装了试验端钮盒（或称联合接线盒）。这是为了便于进行现场校验，三相三线有功电能表的端钮盒接线如图7 - 14所示。

现场校验时，可将标准电能表电流回路分别接入 $3_{上}$、$4_{下}$ 及 $7_{上}$、$8_{下}$ 端子内，然后打开端子 3、4 及 7、8 间的短路片，于是标准电能表的电流回路串入被测电路，再将标准电能表电压回路通过端钮盒的端子 1、5、9 接入被测电路后，即可开始校验。按上述操作，被检电能表无需中止运行。

若旧电能表定期轮换，则可将端钮盒子中的端子 2、3 及 6、7 之间的短路片合上，使电流互感器二次侧短路。在观察电能表由转动变为停止之后，再打开电压端子。该端子在安装

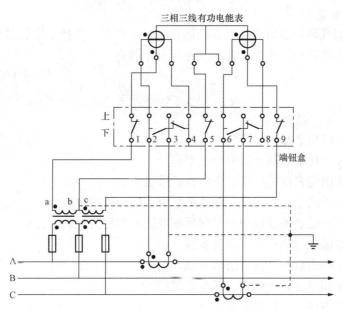

图 7 - 14　三相三线有功电能表的端钮盒接线

时即应注意，固定螺钉松开后，电压连片自动下落而断开电路。在电流互感器短接好、电压回路又断开以后即可进行换表。换好后将电压回路接入，即将电压连片接通。再将电流短路片断开，电能表即恢复正常运行。

在现场校验时应注意正确接线，特别应确保标准电能表与被检电能表接入的是同一个电压和电流，尤其应注意电压线圈的分流作用。

3. 注意事项

现场测定电能表误差，应首先保证人身和设备的安全，严格按照测定基本误差接线顺序接线，禁止出现电流互感器二次回路开路，电压互感器二次回路短路现象。其他操作参照国家能源局颁布的"电业安全工作规程"的有关规定进行。

四、现场检验特殊项目

电子式电能表的现场检验，除按现场测定误差部分的要求进行现场检验外，还应检查和试验以下项目。

1. 电能表内部时钟校准

现场运行的电能表内部时钟与北京时间相差原则上每年不得大于 5min。校准周期每年不得少于 1 次或酌情缩短其校准周期。检查被试电能表内的日历时钟，与北京时间相差在 5min 及以内，现场调整时间；若与北京时间误差在 5min 以上，需要分析原因，必要时更换表计。

2. 电池检查

检查电能表内部用电池的使用时间或使用情况的记录，当发现异常情况时，应更换。更换电池时必须在电能表供电的情况下，以保持时钟的连续工作及电能表正常运行，如果在掉电后更换电池，更换后应立即给电能表加电并校准时钟。

3. 失电压记录检查

现场检验时应对电能计量装置专用的失电压计时器或多功能表失电压计时部分进行检查，查看失电压次数、日期、相别和累计时间，并详细记录，作为追补电量的依据。

4. 功能显示检查

多功能电能表现场检验时需查看其功能显示是否正常。各种型号的多功能电能表按其使用说明书的操作方法进行常规显示检查和循环显示检查。

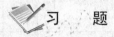 习　题

7-1　简述程控功率源数字调幅原理。

7-2　简述程控功率源数字波形合成原理。

7-3　电子式电能表在首次检定中应检验哪些项目？

7-4　单相电子式电能表在进行误差试验时，应检哪些负载点？

7-5　电子式电能表外部检查时发现哪些缺陷时判定为外观不合格？

7-6　简述电能表潜动试验方法与步骤。

7-7　简述电能表启动试验方法与步骤。

7-8　画出单相电能表室内检定接线原理图。

7-9　电能表现场检验的条件是什么？

7-10　电能表现场校验的内容有哪些？

第八章　测量用互感器的检定

教学要求

　　了解互感器校验仪的构成、校验原理及典型互感器校验仪的使用方法；掌握测量用互感器的误差测试方法及极性、组别的判断方法等。

第一节　互感器检定条件与设备

　　互感器的准确度受实际工作条件的制约，主要影响量有环境温度与湿度、电网频率与失真度、一次电流与电压的范围、二次负荷的大小与功率因数等。JJG 313—2010《测量用电压互感器》和 JJG 314—2010《测量用电压互感器》中对测量用互感器的检定周期做了明确规定，测量用互感器的检定周期不得超过两年，在连续两个周期三次检定中，最后一次的检定结果与前两次检定结果中的任何一次比较，误差变化不大于其误差限值的 1/3，检定周期可以延长至 4 年。

一、检定室环境及电源条件

　　互感器实验室应避开高电压大电流干扰源以及有机械振动的设施，气温保持 10～35℃，相对湿度不大于 80%，空气中没有腐蚀性气体。电流、电压互感器实验区宜分开，且应有足够的高压安全距离；校验仪和被检互感器之间应有 3m 以上距离，有条件时，应装设有闭锁机构的安全遮栏。

　　检定时使用的交流电源频率应为（50±0.5）Hz，波形畸变系数不能大于 5%，电源中性点对地电压不超过 5V，接地系统的接地电阻值不大于 5Ω。规程还要求限制电磁干扰量，环境电磁场对误差测量装置的影响可以用调换互感器一次回路电源极性的方法确定，由外界电磁场所引起的测量误差，不应大于被检电流互感器误差限值的 1/20。用于检定工作的升流器、调压器、大电流电缆线等所引起的测量误差，不应大于被检电流互感器误差限值的 1/10。

二、互感器校验仪

　　检定互感器的标准装置，一般由标准互感器或工频电压、电流比例标准、误差测量装置（通常为互感器校验仪），监视用电压或电流表、电压或电流负载箱，电源及调节设备组成。标准互感器的准确度等级有 0.001、0.002、0.005、0.01、0.02、0.05、0.1、0.2 级等。

　　规程规定，互感器校验仪所引起的测量误差，不得大于被检互感器误差限值的 1/10。其中，装置灵敏度引起的测量误差不大于 1/20；最小分度值引起的测量误差不大于 1/15；差流（压）测量回路的附加二次负荷引起的测量误差不大于 1/20。

　　对监视仪表，要求准确度不低于 1.5 级，而且，在所有示值范围内，电流（电压）表的内阻抗应保持不变。

三、标准互感器

　　互感器检定室的标准电流互感器和电压互感器分为最高计量标准和工作计量标准。最高计量标准应根据所辖区域内被检互感器的最高准确度、测量量程和规定的量值传递任务来确定。工作计量标准互感器的配置，应根据被检互感器的准确度等级来确定。DL/T 448—2000《电能计量装置技术管理规程》对各级供电企业应配置的计量标准作了具体规定，如网、省级应配置 0.001 级 10～35kV 标准电压互感器及 0～2000A 标准电流互感器；0.005级 35～220kV 标准电压互感器及 2000～10000A 标准电流互感器。供电企业应配置 0.01 级互感器检定装置。

根据《电能计量装置技术管理规程》规定，标准互感器应比被检互感器至少高两个准确度级别；其实际误差不得大于被检互感器误差限值的 1/3；如果标准互感器只比被检互感器高一个级别，则被检互感器的误差应按标准互感器的误差进行修正。作标准用的互感器与一般测量用互感器相比，在变差及量值稳定性方面有额外的要求。

我国 10kV 电网还使用着一部分三相电压互感器，实际工作时三相绕组相互影响，所以应在三相条件下检定。

四、电流（电压）负荷箱

电流（电压）负荷箱用于检定电流（电压）互感器时，给被试互感器提供额定负荷与下限负荷。检定规程规定，电流、电压负荷箱在额定频率下、周围温度为（20±5）℃时，准确度应达到 3 级，且周围温度变化 10℃时，误差变化不超过 ±2%。

1. 电流负荷箱

电流负荷箱的额定负荷以额定电流下的视在功率表示，即

$$S_N = I_{2N}^2 Z \qquad\qquad (8-1)$$

式中　I_{2N}——电流互感器的额定二次电流，A；

　　　Z——负荷阻抗，Ω。

电流互感器的下限负荷一般为额定负荷的 1/4，但最低不得低于 2.5VA。额定二次电流为 5A、额定负荷为 5VA 和 10VA 的，下限负荷允许为 3.75VA，但必须在铭牌上标注。

电流互感器的负荷也可以用负荷阻抗来表示，即

$$Z = \frac{S_N}{I_N^2} \qquad\qquad (8-2)$$

当额定二次电流为 5A 时，S_N 分别取为 2.5、3.75、5、10VA、…按式（8-2）算得相对应的阻抗值为 0.1、0.15、0.2、0.4Ω、…因此，对额定二次电流为 5A 的电流互感器，铭牌上常标注额定阻抗来代替额定负荷。

电流负荷箱串联在电流互感器二次回路中，因此在标定额定阻抗时，其开关的接触电阻及引线电阻应考虑进去。电流负荷箱每一挡实际阻抗值比标称值少 0.05Ω 或 0.06Ω，就是预留给二次引线电阻的。因此，电流负荷箱连接导线必须专用，且保证导线电阻值为 0.05Ω 或 0.06Ω。

普通使用的电流负荷箱额定电流为 5A，阻抗值为 0.1～2Ω，$\cos\varphi = 0.8$ 和 1.0，其原理如图 8-1 所示。电流负荷箱是由电阻元件和电感元件串联而成的：当 $\cos\varphi = 1$ 时，每一负荷下只需要一个电阻元件；当 $\cos\varphi = 0.8$ 时，则每一负荷下需要一个电阻元件和一个电感元件。

2. 电压负荷箱

电压负荷箱的额定负荷是以额定电压下的视在功率来表示，即

$$S_N = U_{2N}^2 Y \tag{8-3}$$

式中　U_{2N}——电压互感器的额定二次电压，V；

　　　　Y——负荷导纳，S。

电压互感器的下限负荷为额定负荷的 1/4。由上述公式可以看出，电压负荷箱实际上就是一个导纳箱，一般标明额定电压，并以视在功率和相应的功率因数表示其负载值。

普通电压负荷箱由导纳箱构成，采用电阻和电感元件，其原理如图 8-2 所示。

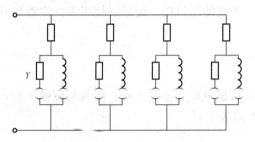

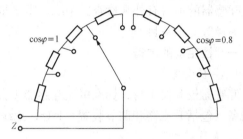

图 8-1　普通电流负荷箱的原理图　　　　图 8-2　普通电压负荷箱的原理图

当 $\cos\varphi = 1$ 时，每一负荷下只需要一个电阻元件；当 $\cos\varphi = 0.8$ 时，则每一负荷下需要一个电阻元件和一个电感元件串联。每挡通过金属插头连通，当几个插头同时接通时，负荷导纳并联，负荷伏安数相加。

五、电源及调节设备

电源及调节设备应保证有足够的容量及调节细度，并应保证电源的频率为 (50 ± 0.5) Hz，波形畸变系数不得超过 5%。

升流器和调压器应有足够的电流和电压输出容量。升流器需要的输出电压与所连接的电流互感器额定安匝数有很大关系，额定安匝数大，回路阻抗也大，通常情况下，1~3kA 的输出约需 5V 电压，功率容量为 5~10kVA。升压器的短路电压一般选 6%~8%，10kV 调压器的容量可选用 1~2kVA。

电压调节装置应有足够的分辨率，一般应有粗调和细调两挡，细调电压范围是粗调电压范围的 ±5% 左右。

六、专用连接导线

二次定值导线通常为 0.05Ω 或 0.06Ω。大电流导线由多股铜线外包绝缘编织制成，线头焊有黄铜或紫铜的接线鼻或接线板。接线时，要与互感器接线端子紧固连接，尽量减少接触电阻。大电流导线一般采用电流密度为 3~5A/mm^2，每米压降 50~80mV。

七、检定装置操作注意事项

(1) 测量前，装置上的接地端子如接线图要求接地则必须可靠接地，以保证人身和设备安全。

(2) 测量回路和仪器的供电电源应稳定可靠，若附近有闪烁的荧光灯、大容量频繁启动的电机及其他负载剧烈变化的用电器可能导致测量结果不稳，这时应与稳压电源配合使用。

(3) 测量回路通电前，应仔细检查连线是否正确，否则可能损毁设备。

(4) 测量阻抗时，必须等功率源输出回零后才能切换负载，否则可能损毁仪器。

(5) 测量高电压互感器时，如接地不好可能造成仪器死机。

(6) 测量电压互感器时，开机前检查调压器的调整装置是否在零位置。

（7）关断仪器电源前应先等功率源输出回零。

第二节　电流互感器的检定

互感器的检验与电能表检验相同，分为室内检定和现场检验，本书主要以室内电流互感器首次检定为例进行介绍。JJG 313—2010《测量用电流互感器》中规定，实验室首次检定电流互感器的项目有外观检查、绝缘电阻测量、工频耐压试验、退磁、绕组极性检查和基本误差测量等 6 个项目。

一、检定前的准备

1. 主要设备

互感器校验仪 1 台；标准电流互感器 1 台；被试电流互感器 1 台；电流负载箱 1 台；电源设备（包括升流器和调节装置）1 套；绝缘电阻表 1 只。

2. 人员组织

本实验需 3 人操作，其中 1 人记录，1 人接线，1 人为工作负责人进行测试操作。

3. 检定条件

（1）环境温度为 10～35℃，相对湿度不大于 80%。

（2）存在于工作场所周围与检定工作无关的电磁场所引起的测量误差，不应大于被检电流互感器误差限值的 1/20。用于检定工作的升流器、调压器、大电流电缆线等所引起的测量误差，不应大于被检电流互感器误差限值的 1/10。

4. 主要工器具

活动扳手 1 把；十字、平口螺钉旋具各 1 把；大电流导线 2 根；二次专用导线 5 根；4、8 寸平口、十字螺钉旋具各 1 把。

5. 准备工作

（1）调节室内温度、湿度值至规定要求。

（2）打开电源开关，按设备要求对校验仪表进行预热。

二、检定步骤及方法

1. 外观检查

首先进行外观检查，有下列缺陷之一的电流互感器，必须修复后再检定：

（1）无铭牌或铭牌中缺少必要的标志。

（2）接线端子缺少、损坏或无标志。

（3）有多个变比的互感器没有标示出相应接线方式。

（4）绝缘表面破损或受潮。

（5）内部结构件松动。

（6）其他严重影响检定工作进行的缺陷。

2. 绝缘电阻测量。

（1）用开路法、短路法检查兆欧表。

（2）短接电流互感器一次及二次绕组。

（3）用 2500V 绝缘电阻表测量被试电流互感器一次绕组对二次绕组、二次绕组之间及对地间的绝缘电阻值应不小于 500MΩ。

（4）拆除电流互感器一、二次绕组的短接线。

3. 工频耐压试验

（1）短接电流互感器一次及二次绕组。

（2）升压试验前，检查高压室室门是否确已关闭，闭锁装置是否可靠，安全标志是否明显。

（3）一次绕组对二次绕组和对地之间的耐压试验，根据电流互感器的额定电压确定所加工频耐压数值，历时 1min，试验时应无异音、异味，无击穿和表面放电，绝缘保持完好，误差无可察觉的变化。一次绕组耐压试验按出厂值的 85% 进行，66kV 及以上电流互感器除外。

（4）升压装置（调压器）回零，切断试验电源，穿绝缘鞋，戴绝缘手套，对互感器放电。

（5）二次绕组对地和二次绕组之间工频耐压试压电压为 2kV，历时 1min，观察设备无异常现象。

（6）升压装置调压器回零，切断试验电源，穿绝缘鞋，戴绝缘手套，对互感器放电。

（7）拆除电流互感器一、二次绕组的短接线。

4. 极性检查

极性检查根据 JJG 313—2010《测量用电流互感器》推荐使用装有极性指示器的误差测量装置按正常接线进行。接线人员根据互感器校验仪说明书要求的正常测试接线方式接线，工作负责人进行检查核对，其原理接线如图 8-3 所示，接线正确方可测试。接下来详细介绍接线步骤及注意事项。

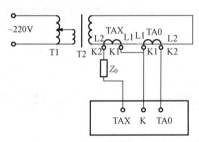

图 8-3 电流互感器误差测试原理接线图
T1—调压器；T2—升流器；
TA0—标准电流互感器；TAX—被检电流互感器

（1）接地线的连接。将校验仪、调压器、升流器、负载箱、标准电流互感器、被检电流互感器等所有设备的接地端子用接地线接在一起，并接入室内可靠接地点。

（2）一次导线的连接。接电流一次线时，应首先检查被接导体是否存在氧化或污垢等现象，如果被接导体氧化或存在污垢，应用砂纸或其他工具清洁后再连接，严禁点接触。同时应尽量减小一次连线的长度。接线时注意标准电流互感器和被检电流互感器的极性采用的是对顶接线，即二者的极性端是连接在一起的。为了检定不同的被检对象，标准电流互感器均做成多变比的，因此在接线的时候要注意根据不同的被试电流互感器变比选择正确的接线端钮。

（3）测差回路的连接。参照图 8-3 的接线原则连接测差回路。将被试电流互感器的被测二次端子非极性端通过负载箱与校验仪的 TAX 端相连；对接将被试电流互感器的被测二次端子和变比合适的标准电流互感器的极性端，然后与校验仪的 K 端相连；标准电流互感器的非极性端与校验仪的 TA0 端相连。除被测计量二次回路外其他二次回路（例如保护绕组）应可靠短路。（注：短路电流互感器二次绕组时，必须使用短路片或短路线，短路应妥善可靠，严禁用导线缠绕。）

（4）电源线的连接。将电源线接至调压器的输入端，调压器的输出端接至升流器输入端。

完成测量接线后，打开电源升起电流至额定值的 5％ 以下试测，如发现校验仪的极性指示器动作而又排除是由于变比接错、误差过大等因素所致，则可认为被试品与标准电流互感器的极性相反。

5. 退磁

若制造厂规定了退磁方法，应按铭牌上的标注或技术文件的规定进行退磁。若制造厂未规定，可根据习惯使用开路法退磁或闭路法退磁。

（1）实施开路法退磁时，在一次（或二次）绕组中选择其匝数较少的一个绕组通以 10％～15％ 的额定一次（或二次）电流，在其他绕组均开路的情况下，平稳、缓慢地将电流降至零。退磁过程中应监视接于匝数最多绕组两端的峰值电压表，当指示值达到 2600V 时，则应在此电流值下退磁。

（2）实施闭路法退磁时，在二次绕组中接一个相当于额定负荷 10～20 倍的电阻（应考虑足够容量），对一次绕组通以工频电流，由零增至 1.2 倍的额定电流，然后均匀缓慢地降至零。

如果电流互感器的铁心绕有两个或两个以上二次绕组，则退磁时其中一个二次绕组接退磁电阻，其余的二次绕组应开路。一般实验室内采用闭路法退磁。

6. 误差测量

（1）测试额定功率因数、额定负载下的误差：

1）调节负载箱至要求负载。

2）分别测量电流互感器在 5％、20％、100％、120％ 额定电流时的误差（对 S 级电流互感器应加 1％ 额定电流时的误差）。作标准用的互感器，测量电流上升与下降时各检定点的误差；作一般用的电流互感器，每个测量点只需测量电流上升时的误差。电流的上升与下降，均应平稳而缓慢地进行。

（2）测试额定功率因数、1/4 额定负载下的误差：

1）调节负载箱至要求负载。

2）分别测量电流互感器在 5％、20％、100％ 额定电流时的误差（标准电流互感器不做 20％ 额定电流时误差的测试）。

（3）记录人员核对检定记录无误后签名，交工作负责人审核并签名。

（4）恢复二次测量设备至初始状态（依次对电源控制箱、互感器校验仪断电，负载箱进行复位），切断输入电源，试验结束。

（5）对电流互感器一次回路进行放电。

（6）拆除所有测量用连接线，采用先接后拆的原则。

三、检定结果的处理

所测数据按 JJG 313—2010 要求进行处理。0.005～0.001 级电流互感器比值误差和相位误差均按被检互感器额定电流的 100％ 误差限值的 1/10 修约，0.5～0.01 级电流互感器比值误差和相位误差按表 8-1 修约。

记录人员以修约后的数据为准，与电流互感器的误差限值表（表 8-2、表 8-3）比对后，对检定结果进行判断，检定合格者出具检定证书，不合格则出具检定结果通知书。

四、安全注意事项

（1）当检定具有两个及以上二次绕组（分别绕在不同铁芯上）的电流互感器时，不受检定的二次绕组应短接。

表 8 - 1　　　　　　　　　　　　　　　　　　互感器的误差修约间隔

修约间隔	准确度等级					
	0.01	0.02	0.05	0.1	0.2	0.5
比值误差（%）	0.001	0.002	0.005	0.01	0.02	0.05
相位误差（′）	0.02	0.05	0.2	0.5	1	2

表 8 - 2　　　　　　　　　　　　　　　　　　电流互感器误差限值

准确度等级	比值误差（±）					相位误差（±）				
	倍率因数	额定电流下的百分数值				倍率因数	额定电流下的百分数值			
		5	20	100	120		5	20	100	120
0.5	（%）	1.5	0.75	0.5	0.5	（′）	90	45	30	30
0.2		0.75	0.35	0.2	0.2		30	15	10	10
0.1		0.4	0.2	0.1	0.1		15	8	5	5
0.05		0.10	0.05	0.05	0.05		4	2	2	2
0.02		0.04	0.02	0.02	0.02		1.2	0.6	0.6	0.6
0.01		0.02	0.01	0.01	0.01		0.6	0.3	0.3	0.3
0.005	$\times 10^{-6}$	100	50	50	50	$\times 10^{-6}$ (rad)	100	50	50	50
0.002		40	20	20	20		40	20	20	20
0.001		20	10	10	10		20	10	10	10

注　1. 额定二次电流 5A、额定负荷 7.5VA 以下的互感器，下限负荷由制造厂规定；制造厂未规定下限负荷的，下限负荷为 2.5VA。

2. 额定负荷电阻小于 0.2Ω 的电流互感器下限负荷为 0.1Ω。

3. 制造厂规定为固定负荷的电流互感器，在固定负荷的 ±10% 范围内误差应满足本表要求。

表 8 - 3　　　　　　　　　　　　　　　　　带 S 级电流互感器误差限值

准确度级别	比值误差（±）						相位误差（±）					
	倍率因数	额定电流下的百分数值					倍率因数	额定电流下的百分数值				
		1	5	20	100	120		1	5	20	100	120
0.5S	（%）	1.5	0.75	0.5	0.5	0.5	（′）	90	45	30	30	30
0.2S		0.75	0.35	0.2	0.2	0.2		30	15	10	10	10
0.1S		0.4	0.2	0.1	0.1	0.1		15	8	5	5	5
0.05S		0.10	0.05	0.05	0.05	0.05		4	2	2	2	2
0.02S		0.04	0.02	0.02	0.02	0.02		1.2	0.6	0.6	0.6	0.6
0.01S		0.02	0.01	0.01	0.01	0.01		0.6	0.3	0.3	0.3	0.3
0.005S	$\times 10^{-6}$	100	75	50	50	50	$\times 10^{-6}$ (rad)	100	75	50	50	50
0.002S		40	30	20	20	20		40	30	20	20	20
0.001S		20	15	10	10	10		20	15	10	10	10

注　1. 额定二次电流 5A、额定负荷 7.5VA 以下的互感器，下限负荷由制造厂规定；制造厂未规定下限负荷的，下限负荷为 2.5VA。

2. 额定负荷电阻小于 0.2Ω 的电流互感器下限负荷为 0.1Ω。

3. 制造厂规定为固定负荷的电流互感器，在固定负荷的 ±10% 范围内误差应满足本表要求。

（2）被检电流互感器及升压、升流设备与校验仪的距离不应小于 3m。

（3）检定中，当电流互感器的一次绕组中通有电流时，严禁断开二次回路。

（4）负载箱的功率因数应与被检电流互感器一致。

（5）标准电流互感器的准确度等级至少应比被检电流互感器高两个等级。

（6）耐压试验使用高电压，为避免触碰试验设备造成触电，因此要求与试验无关的人员不得进入试验场所；被试设备周围应装设临时遮栏，通往高压室的门应有可靠的闭锁装置；耐压试验后，穿绝缘鞋，戴绝缘手套，及时对互感器放电。

第三节　电压互感器的检定

室内检定电压互感器主要依据 JJG 314—2010《测量用电压互感器》中的规定，其首次检定电流互感器的项目有外观检查、绝缘电阻测量、绝缘强度试验、绕组极性检查和基本误差测量等五个项目。

一、检定前的准备

1. 主要设备

互感器校验仪 1 台；标准电压互感器；被试电压互感器；电压互感器负载箱；绝缘电阻表 1 只；调压控制箱和电源设备。

2. 人员组织

本实验需 3 人操作，其中 1 人记录，1 人接线，1 人为工作负责人进行测试操作。

3. 检定条件

（1）环境温度为 10～35℃，相对湿度不大于 80%。

（2）用于检定的设备，如升压器、调压器等，在工作中产生的电磁干扰引入的测量误差不应大于被检电压互感器误差限值的 1/10。由外界磁场引起的测量误差不大于被检电压互感器误差限值的 1/20。

4. 主要工器具

活动扳手 1 把；十字、平口螺钉旋具各 1 把；二次专用导线；4、8 寸平口、十字螺钉旋具各 1 把。

5. 准备工作

（1）调节室内温度、湿度值至规定要求。

（2）打开电源开关，按设备要求对校验仪表进行预热。

二、检查步骤及方法

1. 外观检查

首先进行外观检查，有下列缺陷之一的电压互感器，必须修复后再检定：

（1）无铭牌或铭牌中缺少必要的标志。

（2）接线端子缺少、损坏或无标志。

（3）有多个电压比的互感器没有标示出相应接线方式。

（4）绝缘表面破损，油位或气体压力不正确。

（5）内部结构件松动。

（6）其他严重影响检定工作进行的缺陷。

2. 绝缘电阻测量

（1）用开路法、短路法检查。

（2）1kV 及以下的电压互感器用 500V 绝缘电阻表测量，一次绕组对二次绕组、二次绕组及接地端子间的绝缘电阻不小于 20MΩ；

（3）1kV 以上的电压互感器用 2500V 绝缘电阻表测量，不接地互感器一次绕组对二次绕组、二次绕组及接地端子之间的绝缘电阻不小于 10MΩ/kV，且不小于 40MΩ；二次绕组对接地端子之间以及二次绕组之间的绝缘电阻不小于 40MΩ。

（4）拆除电压互感器一、二次绕组的短接线。

3. 绝缘强度试验

绝缘强度试验包括一次绕组或二次绕组的外加电压试验，试验电压可从一次绕组或二次绕组施加，施加的工频试验电压见表 8 - 4。

表 8 - 4　　　　　　互感器一次绕组对二次绕组及接地端子之间的工频试验电压

额定一次电压（kV）	工频试验电压（有效值）（kV）	额定一次电压（kV）	工频试验电压（有效值）（kV）
0～0.5	2	10～15	30
0.5～1	3	15～20	40
1～2	5	20～35	70
2～3	7	35～63	95
3～6	13	63～110	165
6～10	20		

注　额定一次电压值为大于第 1 个值，而小于或等于第二个值。互感器二次绕组对接地端子之间的工频试验电压（有效值）为 2kV。工频耐压试验时间一般为 1min，当互感器的绝缘主要是由固体有机材料构成时，耐压试验时间应为 5min。

试验方法是：对试品施加电压时，应当从足够低的数值开始，以防止操作瞬变过程而引起的过电压的影响；然后应缓慢地升高电压，以便能在仪表上准确读数，但也不能升得太慢，以免造成在接近试验电压 U 时耐压时间过长。若试验电压值从达到 75%U 起，以 2%U/s 的速率升压，一般可满足上述要求。试验电压应保持规定时间，然后迅速降压，但不得突然切断，以免可能出现瞬变过程而导致故障或造成不正确的试验结果。

试验电压频率在 45～65Hz 范围内。

4. 绕组极性检查

极性检查根据 JJG 314—2010 推荐使用的装有极性指示器的误差测量装置，按正常接线进行。接线人员根据互感器校验仪说明书要求的正常测试接线方式接线，工作负责人进行检查核对，其原理接线图如图 8 - 4 所示，接线正确方可测试。接下来详细介绍接线步骤及注意事项。

（1）接地线的连接。将校验仪、调压器、负载箱、标准电压互感器、被检电压互感器等所有设备的接地端子用接地线接在一起，并接入室内可靠接地点。

（2）一次导线的连接。接线时由图 8 - 4 可知，先将标准电压互感器和被检电压互感器一次绕组的高端即极性端"A、A"之间连接；再将标准电压互感器和被检电压互感器的一次绕组低端即非极性端"X、X"之间连接。

（3）测差回路的连接。参照图 8-4 的测差回路，将被检电压互感器二次绕组的极性端（高端）"a"与标准互感器的极性端（高端）"a"连接，非极性端（低端）"x"与互感器校验仪的"D"端子连接，电压负荷箱 Y1 并接在被试互感器的"a"和"x"两端子间。连接标准电压互感器的"a、x"端子和互感器校验仪的"a、x"端子，同时将标准电压互感器的"x"端子与互感器校验仪的"K"端子连接。

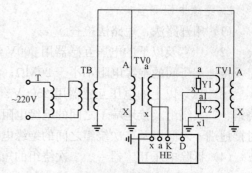

图 8-4　电压互感器误差测试原理接线图
T—调压器；HE—互感器校验仪；
TV0—标准电压互感器；TV1—被检电压互感器

（4）电源线的连接。将电源线接至调压器的输入端，调压器的输出端接至带自升压标准电压互感器的电源输入端，红色线接入"L"端，黑色线接入"N"端。

完成测量接线后，打开电源升起电压至额定值的 5% 以下试测，如发现校验仪的极性指示器动作而又排除是由于变比接错、误差过大等因素所致，则可认为被检电压互感器与标准电压互感器的极性相反。

5. 误差测量

（1）测试额定功率因数、额定负载下的误差。

1）调节负载箱至要求负载。

2）分别测量电压互感器在 20%、50%、80%、100%、120% 额定电压时的误差。对 0.1 级及以上的电压互感器，除 120% 额定电压时的误差测一次外，其余每点误差在电压上升和下降时各测一次；0.2 级及以下的电压互感器，每个测量点只需测量电压上升时的误差。

3）电压的上升与下降，均应平稳地进行，避免回调。

（2）测试额定功率因数、1/4 额定负载下的误差。

1）调节负载箱至要求负载。

2）分别测量电压互感器在 20%、100% 额定电压时的误差。

3）共用一次绕组的电压互感器两个二次绕组，应各自在另一个绕组接入额定负荷和空载时测量误差，并按规定接地。

（3）记录人员核对检定记录无误后签名，交工作负责人审核并签名。

（4）恢复二次测量设备至初始状态（依次对电源控制箱、互感器校验仪断电，负载箱进行复位），切断输入电源，试验结束。

（5）对电压互感器一次回路进行放电。

（6）拆除所有测量用连接线，采用先接后拆的原则。

三、检定结果的处理

（1）所测数据按 JJG 314—2010 规程要求进行处理。0.005~0.01 级电压互感器比值误差和相位误差，均按被检互感器额定电压 $100\%U_n$ 误差限值的 1/10 修约，0.5~0.01 级电压互感器比值误差和相位误差按表 8-5 修约。

（2）记录人员以修约后的数据为准，与电压互感器误差限值（表 8-6）比对后，对检定结果进行判断，检定合格者出具检定证书，不合格则出具检定结果通知书。

表 8-5　　　　　　　　　　　　　　互感器的误差修约间距

修约间距	准确度等级					
	0.01 级	0.02 级	0.05 级	0.1 级	0.2 级	0.5 级
比值误差（%）	0.001	0.002	0.005	0.01	0.02	0.05
相位误差（′）	0.02	0.05	0.2	0.5	1	2

表 8-6　　　　　　　　　　　　　　电压互感器误差限值

准确度等级	比值误差（±）						相位误差（±）					
	倍率因数	额定电压百分值					倍率因数	额定电压百分值				
		20	50	80	100	120		20	50	80	100	120
0.5	(%)	—	—	0.5	0.5	0.5	(′)	—	—	20	20	20
0.2		0.4	0.3	0.2	0.2	0.2		20	15	10	10	10
0.1		0.20	0.15	0.10	0.10	0.10		10.0	7.5	5.0	5.0	5.0
0.05		0.100	0.075	0.050	0.050	0.050		4.0	3.0	2.0	2.0	2.0
0.02		0.040	0.030	0.020	0.020	0.020		1.2	0.9	0.6	0.6	0.6
0.01		0.020	0.015	0.010	0.010	0.010		0.60	0.45	0.30	0.30	0.30
0.005	$\times 10^{-6}$	100	75	50	50	50	$\times 10^{-6}$ (rad)	40	30	20	20	20
0.002		40	30	20	20	20		40	30	20	20	20
0.001		20	15	10	10	10		20	15	10	10	10

注　额定二次负荷小于等于 0.2VA 时，下限负荷按 0VA 考核。

四、安全注意事项

（1）进入试验区，着装要符合安全规程要求，穿工作服，戴安全帽，操作时戴手套。

（2）被检电流互感器及升压、升流设备与校验仪的距离不应小于 3m。

（3）检定中，当电压互感器的一次绕组中通有电压时，严禁短路二次回路。

（4）测试前、后电压互感器都必须用专用放电棒放电。

（5）电压等级在 110kV 以上时，严禁用硬导线作一次线。

（6）负载箱的功率因数应与被检互感器一致。

（7）确认被试电压互感器的一、二次绕组及标识。

（8）耐压试验产生高电压，为避免触试试验设备造成触电，因此要求与试验无关的人员不得进入试验场所；被试设备周围应装设临时遮栏，通往高压室的门应有可靠的闭锁装置。

习　题

8-1　互感器的检定周期是如何规定的？

8-2　实验室检定互感器所需的主要设备有哪些？

8-3　简述开路退磁法和闭路退磁法的区别。

8-4　JG 313—2010《测量用电流互感器》中规定，实验室首次检定电流互感器的项目有哪些？

8-5 画出电流互感器误差测试原理接线图。

8-6 JJG 314—2010《测量用电压互感器》中规定，实验室首次检定电压互感器的项目有哪些？

8-7 画出电压互感器误差测试原理接线图。

8-8 对额定一次电压为 10kV 和 35kV 的电压互感器工频耐压试验应施加多大的交流电压值？

8-9 实验室检定电压互感器有哪些安全注意事项？

8-10 电压互感器的检定过程中，应注意哪些事项？

第九章 综 合 误 差

教学要求

了解误差理论相关知识。知晓电能计量装置综合误差、校验装置的综合误差的概念。掌握综合误差的计算方法及减少综合误差的方法。

第一节 误 差 理 论

测量是对客观事物取得数量概念的一种认识过程。人们借助专门的设备，通过实验方法，得出以测量单位表示被测量的数值大小。

一、相关概念

（1）准确度。准确度是指测量结果与被测量真实值间相接近的程度，它是测量结果准确程度的量度。

（2）精密度。精密度是指在测量中所测数值重复一致的程度。它表明在同一条件下进行重复测量时，所得到的一组测量结果彼此之间相符合的程度，它是测量重复性的量度。

（3）灵敏度。灵敏度是仪器仪表读数的变化量与相应的被测量的变化量的比值。

（4）分辨率。分辨率是指仪器仪表所能反映的被测量的最小变化值。

（5）误差。误差是指测量结果对被测量真实值的偏离程度。

（6）量程（量限）。量程是指仪器仪表在规定的准确度下对应于某一测量范围内所能测量的最大值。

（7）重复性。重复性是指在相同测量条件下，连续多次对被测量进行测量，所得测量结果的一致性。

（8）引用误差。引用误差为测量仪器的误差除以仪器的特定值。

（9）分辨力。分辨力是指显示装置有效辨别的最小的示值差。

（10）测量不确定度。测量不确定度表征合理地赋予被测量之值的分散性，测量结果相联系的参数。

以上概念中，准确度与误差本身的含义是相反的，但两者又是紧密联系的，测量结果的准确度高，它的误差就小，因此，在实际测量中往往采用误差的大小来表示准确度的高低。

二、测量误差及其分类

不管采用何种测量方法、测量设备及测量手段，测量的结果与被测量的真实值之间总是存在着差别，这种差别叫测量误差。测量误差的来源有很多，根据误差的性质和出现的特点，可以分为系统误差、随机误差和粗大误差三类。

1. 系统误差

系统误差是指以同一量的多次测量过程中，保持恒定或以可以预知的方式变化的测量误差分量。系统误差按其表现出来的特点，可分为恒值误差和变值误差两种。而变值误差又可分为累进误差、周期性误差以及按复杂规律变化的误差三种。恒值误差是指在测量过程中其数值和符号都保持不变；累进误差数值在整个测量过程中是逐渐增加或逐渐减小的；周期性误差则是指按照某种规律周期性地改变自己的数值和符号；按复杂规律变化的误差其变化虽然可能相当复杂，但却有一定规律，并可用一定的公式和曲线表示出来。系统误差又可按其误差来源分为：

（1）基本误差，是指由于测量仪器本身结构和制作上的不完善而产生的误差。

（2）附加误差，是指由于使用仪器时未能满足所规定的使用条件而发生的误差，例如仪器安装位置、温度、电压、频率和外磁场等都会引起这种附加误差。

（3）方法误差，也称为理论误差。这是由于测量方法不完善或者由于测量所依据的理论不完善等原因二造成的误差。

（4）人身误差，也称个人误差。这是由于测量人员的感觉器官不完善所导致的误差，这类误差往往因人而异，并与个人当时的心理和生理状态有密切关系。

系统误差决定了测量的准确度。系统误差越小，测量结果就越准确。对于基本误差和附加误差引起的系统误差可以采取一些措施加以消除，一般可引入修正值，即在测量前对测量中所使用的计量标准用更高标准进行校准，作出计量标准的修正曲线或修正表格，在测量时，根据这些曲线或表格，可以对测试数据进行修正。很显然，修正值与测量误差绝对值相同而符号相反。

为减少测量结果中的系统误差，应选择准确度等级和量限合适的计量器具，此外还可采用一些特殊的测量方法，常用的有零位测量法、替代测量法、微差测量法、异号法和换位法等。

2. 随机误差

随机误差也称为偶然误差。在同一量的测量过程中，在极力消除一切明显的系统误差之后，每次测量结果仍会出现一些无规律的随机性变化。由于存在随机误差，即使在同一条件下，多次测量同一个量，所得到的结果也是不相同的。随机误差就个体而言，是没有规律的，是难以估计的。然而如果在同一条件下对同一个量进行多次重复测量时（即进行一系列等精密度测量），可以发现这一系列测量中出现的随机误差，就其总体来说，它们服从统计规律。利用概率和统计学的方法，可以研究随机误差的规律，确定随机误差对测量结果的影响。

随机误差决定了测量的精密度，随机误差越小，测量结果的精密度就越高。根据概率学理论可发现，随机误差出现的可能性呈正态分布，其具有以下特性：

（1）对称性，绝对值相等的正、负误差出现的机会相同；

（2）单峰性，小误差比大误差出现的机会要多；

（3）有界性，绝对值很大的误差出现的机会趋近于零；

（4）抵偿性，在同一条件下对某一量进行多次测量时，随着测量次数增多，随机误差的代数和为零，或误差平均值极限为零。

在实际测量中，根据概率理论可用测量数据的均方根误差 S 来衡量多次测量中单独一次的测量精密度，即

$$S = \pm\sqrt{\frac{\sum_{i=1}^{n}(x_i - \overline{x})^2}{n-1}}$$

式中 x_i——任一次测量值（如转数和时间）；

$\overline{x}$——测量 n 次的平均值；

n——测量次数。

理论上可以证明，测量结果的均方根误差仅为测量数据均方根误差的 $1/\sqrt{n}$。很显然，随着测量次数的增多，测量结果的精密度也随之提高，但 S 的减小随 n 的增加而越来越慢，所以在实际测量中，一般取测量次数 10～20 次即可。

3. 粗大误差

明显超出规定条件下预期的误差称为粗大误差。测量结果中若出现粗大误差，应按一定的规则加以剔除，但不要把主观上认为"不合理"的数值舍弃不用，要把它剔除，应当遵守一定的规则。

第二节　电能计量装置的综合误差

一、电能计量装置综合误差的概念

电能计量装置完成的任务是测量电能。电路上看它包含电能表、互感器及连接二者的二次回路。因此计量装置的准确性，不仅取决定于电能表、互感器本身的准确度，还决定于电能表、互感器的接线方式及二次导线的选择等。电能计量装置各部分的误差都是可直接测试的。而当三部分组成一个整体后，它们对电能计量装置结果的影响，会因接线方式的不同而不同。这种影响的程度我们用综合误差来说明。因此电能计量装置综合误差定义为电能表、互感器、二次导线电压降所引起的计量误差的代数和，表示为

$$\gamma = \gamma_b + \gamma_h + \gamma_d \qquad (9\text{-}1)$$

式中 γ——电能计量装置的综合误差；

γ_b——电能表的基本误差；

γ_h——互感器的合成误差；

γ_d——电压互感器二次导线压降误差。

电能表的误差值可通过检定得到，下面主要介绍互感器合成误差和二次回路压降误差的计算方法。

二、互感器合成误差

在综合误差中，我们把由互感器的比差和角差引起的计量误差称为互感器的合成误差。互感器的合成误差可根据下列基本公式进行计算

$$\gamma_h = \frac{K_I K_U P_2 - P_1}{P_1} \times 100\% \qquad (9\text{-}2)$$

式中 K_I——电流互感器的额定变比；

K_U——电压互感器的额定变比；

P_1——互感器一次侧功率，W（或 kW）；

P_2——互感器二次侧功率，W（或 kW）。

根据式（9-2）便可求出不同接线方式下的互感器合成误差，求出互感器的合成误差是计算综合误差的关键。

三、电能计量装置综合误差的计算

为介绍方便，先将公式中要用的符号说明如下：

δ_{U1} 和 δ_{I1}——接于电能表第一组元件的电压、电流互感器的角差。

δ_{U2} 和 δ_{I2}——接于电能表第二组元件的电压、电流互感器的角差。

δ_{U3} 和 δ_{I3}——接于电能表第三组元件的电压、电流互感器的角差。

f_{U1}、f_{I1}——接于电能表第一组元件的电压、电流互感器的比差。

f_{U2}、f_{I2}——接于电能表第二组元件的电压、电流互感器的比差。

f_{U3}、f_{I3}——接于电能表第三组元件的电压、电流互感器的比差。

φ_A、φ_B 和 φ_C——A 相、B 相和 C 相的一次负载的功率因数角。

1. 测量三相三线电路有功电能的综合误差

三相三线有功电能表一般经电流、电压互感器接入电路，其接线参见本书第四章的图 4 - 11。接线方式为

第一元件：$\dot{U}_{ab}\dot{I}_a$，第一元件接有一台电流互感器和一台电压互感器；

第二元件：$\dot{U}_{cb}\dot{I}_c$，第二元件接有一台电流互感器和一台电压互感器。则三相三线电能表的第一元件反映的互感器一次侧功率为

$$P'_1 = K_I K_U U_{ab} I_a \cos(30° + \varphi_A - \delta_{I1} + \delta_{U1})$$
$$= (1 + f_{U1}) K_U U_{AB} (1 + f_{I1}) K_I I_A \cos(30° + \varphi_A - \delta_{I1} + \delta_{U1})$$
$$= (1 + f_{U1} + f_{I1} + f_{U1} f_{I1}) U_{AB} I_A \cos(30° + \varphi_A - \delta_{I1} + \delta_{U1})$$
$$\approx (1 + f_{U1} + f_{I1}) U_{AB} I_A \cos(30° + \varphi_A - \delta_{I1} + \delta_{U1})$$

电能表第一元件实际功率为

$$P_1 = U_{AB} I_A \cos(30° + \varphi_A)$$

因此，可求出电能表第一元件所反映的功率差值为

$$\Delta P_1 = P'_1 - P_1$$
$$\approx U_{AB} I_A (f_{U1} + f_{I1}) \cos(30° + \varphi_A) + U_{AB} I_A \sin(30° + \varphi_A) \sin(\delta_{I1} - \delta_{U1}) \quad (9 - 3)$$

按上述方法，同样可求出电能表第二组元件所反映的功率差值为

$$\Delta P_2 = P'_2 - P_2$$
$$\approx U_{CB} I_C (f_{U2} + f_{I2}) \cos(30° - \varphi_C) + U_{CB} I_C \sin(\varphi_C - 30°) \sin(\delta_{I1} - \delta_{U1}) \quad (9 - 4)$$

根据式（9 - 3）和（9 - 4）可以求出互感器的合成误差为

$$\gamma_h = \frac{\Delta P_1 + \Delta P_2}{P_1 + P_2} \times 100\%$$

当三相电路对称时，经过变换、化简后，写成下述形式：

$$\gamma_h = 0.5(f_{U1} + f_{I1} + f_{U2} + f_{I2}) + 0.289[(f_{U2} - f_{U1}) + (f_{I2} - f_{I1})]\tan\varphi$$
$$+ 0.0084[(\delta_{I1} - \delta_{U1}) - (\delta_{I2} - \delta_{U2})]$$
$$+ 0.0145[(\delta_{I1} - \delta_{U1}) + (\delta_{I2} - \delta_{U2})]\tan\varphi(\%) \quad (9 - 5)$$

当负载功率因数为特殊值时，式（9 - 5）还可进一步简化：

（1）当 $\cos\varphi = 1$ 时，

$$\gamma_h = 0.5(f_{U1} + f_{I1} + f_{U2} + f_{I2}) + 0.0084[(\delta_{I1} - \delta_{U1}) - (\delta_{I2} - \delta_{U2})] \quad (9 - 6)$$

（2）当 $\cos\varphi = 0.5$（感性）时，

$$\gamma_h = f_{U2} + f_{I2} + 0.0168[2 \times (\delta_{I1} - \delta_{U1}) + (\delta_{I2} - \delta_{U2})] \qquad (9-7)$$

(3) 当 $\cos\varphi = 0.5$（容性）时，

$$\gamma_h = f_{U1} + f_{I1} + 0.0168[2 \times (\delta_{U2} - \delta_{I2}) + (\delta_{U1} - \delta_{I1})] \qquad (9-8)$$

(4) 当 $f_{I1} = f_{I2} = f_I$, $f_{U1} = f_{U2} = f_U$, $\delta_{I1} = \delta_{I2} = \delta_I$, $\delta_{U1} = \delta_{U2} = \delta_U$ 时，

$$\gamma_h = f_U + f_I + 0.0291(\delta_I - \delta_U)\tan\varphi \qquad (\cos\varphi = 0.5,\ 感性)$$

$$\gamma_h = f_U + f_I + 0.0291(\delta_U - \delta_I)\tan\varphi \qquad (\cos\varphi = 0.5,\ 容性)$$

利用上述公式可以计算所有电压互感器和电流互感器准确度等级不同时的最大合成误差。当已知电能表第一元件和第二元件的相对误差分别为 γ_{b1} 和 γ_{b2} 时，则测量三相三线电路有功电能的综合误差计算公式为 $\gamma = \gamma_h + (\gamma_{b1} + \gamma_{b2})/2$。

应当指出，当电压互感为 Y，y 接线时，应将互感器每相的比差和角差换算成线电压的比差和角差后，才能利用上述公式进行互感器的合成误差计算。

【例 9-1】 某三相三线电能表经电流、电压互感器接入电路。在标定电流和 $\cos\varphi = 0.5$（感性）条件下，经测试，电能表的整体基本误差 $\gamma_b = -1.8\%$，电压互感器的参数为 $f_{U1} = -0.4\%$, $\delta_{U1} = 10'$; $f_{U2} = -0.2\%$, $\delta_{U2} = -15'$; 电流互感器的参数为 $f_{I1} = -0.3\%$, $\delta_{I1} = 20'$; $f_{I2} = 0.1\%$, $\delta_{I2} = 30'$。试求这套电能计量装置在这一运行点的综合误差。

解 利用式（9-7），便可求出 $I = I_b$, $\cos\varphi = 0.5$（感性）时，互感器的合成误差为

$$\gamma_h = f_{U2} + f_{I2} + 0.0168[2 \times (\delta_{I1} - \delta_{U1}) + (\delta_{I2} - \delta_{I2})]$$

$$= (-0.2\%) + 0.1\% + 0.0168 \times [2 \times (20' - 10') + 30' - (-15')] \times \frac{1}{100}$$

$$= 0.992\%$$

综合误差为

$$\gamma = \gamma_h + \gamma_b = 0.992\% + (-1.8\%) = -0.808\%$$

当负载功率因数为其他数值时，同样可计算其互感器的合成误差和综合误差。

2. 测量三相四线电路有功电能的综合误差

客户用三相四线有功电能表一般只经电流互感器接入电路，其具体接线参见第四章的图 4-5。三相四线有功电能表的接线方式为

第一元件：$\dot{U}_A \dot{I}_a$，接有一台电流互感器；

第二元件：$\dot{U}_B \dot{I}_b$，接有一台电流互感器；

第三元件：$\dot{U}_C \dot{I}_c$，接有一台电流互感器。

则电能表三组元件反映的一次侧功率分别为

$$P'_1 = (1 + f_{I1})U_A I_A \cos(\varphi_A - \delta_{I1})$$

$$P'_2 = (1 + f_{I2})U_B I_B \cos(\varphi_B - \delta_{I2})$$

$$P'_3 = (1 + f_{I3})U_C I_C \cos(\varphi_C - \delta_{I3})$$

当三相电路对称时，负载实际功率为 $P = 3U_P I_P \cos\varphi$，则电流互感器的合成误差为

$$\gamma_h = \frac{P'_1 + P'_2 + P'_3 - 3U_P I_P \cos\varphi}{3U_P I_P \cos\varphi} \times 100\%$$

进行整理和近似化简可得

$$\gamma_h = \frac{1}{3}(f_{I1} + f_{I2} + f_{I3}) + 0.0097(\delta_{I1} + \delta_{I2} + \delta_{I3})\tan\varphi \quad (\%) \qquad (9-9)$$

式（9-9）中第一项为电流互感器比差引起的合成误差；第二项为电流互感器角差引起的合成误差。当功率因数为特殊值时，式（9-9）可进一步简化。

(1) 当 $\cos\varphi=1$ 时，$\gamma_h=(f_{I1}+f_{I2}+f_{I3})/3$；

(2) 当 $\cos\varphi=0.5$（感性）时，$\gamma_h=(f_{I1}+f_{I2}+f_{I3})/3+0.0168(\alpha_1+\alpha_2+\alpha_3)$；

(3) 当 $\cos\varphi=0.5$（容性）时，$\gamma_h=(f_{I1}+f_{I2}+f_{I3})/3-0.0168(\alpha_1+\alpha_2+\alpha_3)$。因此，三相四线有功电能表经电流互感器接入电路时的综合误差为

$$\gamma=\gamma_h+\frac{1}{3}(\gamma_{b1}+\gamma_{b2}+\gamma_{b3})$$

式中 γ_{b1}、γ_{b2}、γ_{b3}——电能表每组元件的相对误差，%。

四、电压互感器二次回路压降误差

电能表上的电压取自电压互感器二次侧，在互感器二次回路中由于熔断器、电缆、接触电阻等产生的电压降，使电能表端电压和电压互感器出口电压在数值和相位上不一致，造成电压互感器二次回路压降误差。在构成电能计量综合误差的各项误差中，电压互感器二次回路压降所引起的计量误差往往是最大的。压降过大，势必造成少计电量。目前有宁波合通、武汉高压研究所、湖北中试所等生产的二次压降测试仪，直接测量出二次回路的压降值、二次压降引起的比差、角差及其计量误差 γ_d。测量可按图 9-1 接线。其中图 9-1（a）是计量装置为户外时的测量方式；图 9-1（b）是户内接线方式。图中 HES-1 是互感器二次压降测量仪；TV0 是标准电压互感器；TVX 是被检电压互感器。

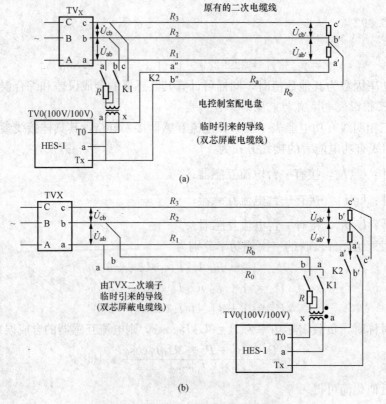

(a)

(b)

图 9-1 三相三线二次压降测试接线图

（a）户外测量方式；（b）户内测量方式

1. 电压互感器二次压降测试方法

（1）三相三线电压互感器二次压降的测试。若被检三相电压互感器为两台单相电压互感器按 V，v 接线而成。有功电能表上所需的两个电压为 $\dot{U}_{ab}$ 和 $\dot{U}_{cb}$，则两台互感器的二次压降分别为

$$\Delta U_{ab}=\sqrt{f_{ab}^2+(0.0291\delta_{ab})^2} \tag{9-10}$$

$$\Delta U_{cb}=\sqrt{f_{cb}^2+(0.0291\delta_{cb})^2} \tag{9-11}$$

式中　ΔU_{ab}——电能表 ab 电压线圈端子上的电压与第一台电压互感器二次绕组端电压的差值；

ΔU_{cb}——电能表 cb 电压线圈端子上的电压与第二台电压互感器二次绕组端电压的差值；

f_{ab}——第一台电压互感器的二次压降引起的比差，$f_{ab}=f_{U1}-\Delta f_0$（f_{U1} 是第一台被检电压互感器的比差，Δf_0 是标准互感器自校时校验仪的读数）；

δ_{ab}——是第一台电压互感器的二次压降引起的角差，$\delta_{ab}=\delta_{U1}-\Delta\delta_0$（$\delta_{U1}$ 是第一台被检电压互感器的角差，$\Delta\delta_0$ 是标准互感器自校时校验仪的读数）。

Δf_0 和 $\Delta\delta_0$ 测量可按图 9-2 接线。其中图 9-2（a）是户外测量方式；图 9-2（b）是户内测量方式。

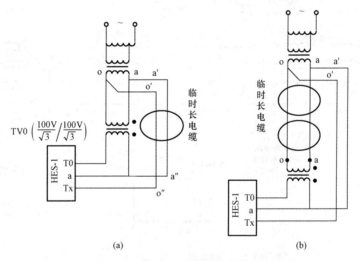

图 9-2　标准互感器自校接线图
（a）户外测量方式；（b）户内测量方式

（2）三相四线电压互感器二次压降的测试。图 9-3 是测量接线图，其中图 9-3（a）是户外测量方式；图 9-3（b）是户内测量方式。图中 HES-1 是互感器校验仪；TV0 是标准电压互感器；TVX 是被检三相电压互感器。被检三相电压互感器为三台单相电压互感器按 Y，y 接线而成。

有功电能表上所需的三个电压为 $\dot{U}_a$、$\dot{U}_b$ 和 $\dot{U}_c$，则三台互感器的二次压降分别为

$$\Delta U_a=\sqrt{f_a^2+(0.0291\delta_a)^2} \tag{9-12}$$

$$\Delta U_b=\sqrt{f_b^2+(0.0291\delta_b)^2} \tag{9-13}$$

$$\Delta U_c = \sqrt{f_c^2 + (0.0291\delta_c)^2} \qquad (9-14)$$

式中　ΔU_a、ΔU_b、ΔU_c——电能表的三个电压绕组端子上的电压与第一、第二、第三台电压互感器二次绕组的端电压的差值；

f_a、f_b、f_c——是第一、第二、第三台电压互感器的二次压降引起的比差，而$f_a(f_b、f_c) = f_{U1}(f_{U2}、f_{U3}) - \Delta f_0$；

δ_a、δ_b、δ_c——第一、第二、第三台电压互感器的二次压降引起的角差，$\delta_a(\delta_b、\delta_c) = \delta_{I1}(\delta_{I2}、\delta_{I3}) - \Delta\delta_0$。

Δf_0 和 $\Delta\delta_0$ 的含义和测量方法与图 9-2 相同。

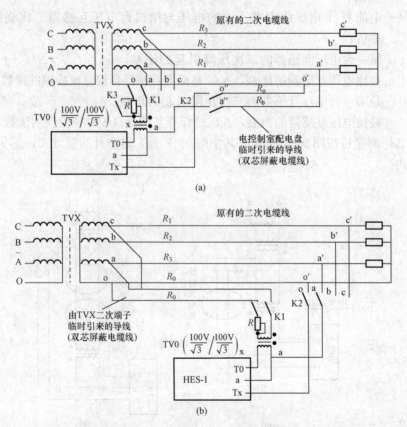

图 9-3　三相四线二次压降测试接线图
（a）户外测量方式；（b）户内测量方式

利用二次压降测量仪使用注意事项：

（1）在电压互感器侧测量时，电源可由电压互感器的 A、B 相 100V 供给，电源开关打到"100V"标志；在表计侧测量时，电源由 220V 交流电源供给，开关打到 ON 位置，此时不能由电压互感器供电，否则将引起较大误差。

（2）测试导线 R_0 和双芯屏蔽电缆 R_b 都是仪器专配导线，测量时最好使用它们。如果更换了专用导线，可采用自检，将零位误差存储到仪器内部后，按屏幕提示选择修正功能，仪器会对误差进行修正。

2. 二次压降误差计算

测量完成后，按屏幕提示输入 φ 或 $\cos\varphi$，仪器会自动计算合成误差 γ_{d}，三相三线和三相四线计量方式下的二次压降合成误差分别按式（9-15）、式（9-16）计算的。

1）在三相三线计量方式下，二次压降引起的综合误差为

$$\gamma_{\mathrm{d}} = \frac{f_{\mathrm{ab}} + f_{\mathrm{cb}}}{2} + \frac{\delta_{\mathrm{cb}} - \delta_{\mathrm{ab}}}{119.087} + \left(\frac{f_{\mathrm{cb}} - f_{\mathrm{ab}}}{3.4641} - \frac{\delta_{\mathrm{ab}} + \delta_{\mathrm{cb}}}{68.755}\right)\tan\varphi \qquad (9\text{-}15)$$

2）在三相四线计量方式下，二次压降引起的综合误差为

$$\gamma_{\mathrm{d}} = \frac{1}{3}(f_{\mathrm{a}} + f_{\mathrm{b}} + f_{\mathrm{c}}) + 0.0097 \times (\delta_{\mathrm{a}} + \delta_{\mathrm{b}} + \delta_{\mathrm{c}})\tan\varphi \qquad (9\text{-}16)$$

仪器可掉电存储 $50\sim100$ 档数据，包括测量时间、接线方式、误差存储号、计算结果等，以供查阅和浏览。

第三节　校验装置的综合误差

电能表检定装置的系统误差主要来源于标准表误差、电压互感器误差、电流互感器误差、标准表与被检表电压端钮间的电压降引起的误差等。

电能表检定装置的随机误差主要来源于被测量随时间的变化（表现为功率源的功率稳定度），以及温度、湿度、电压、频率、波形、外磁场、外电场、电源电压及其频率等影响量的变化等。随机误差的表征值是表征偏差估计值，其允许极限为装置基本误差限的 1/10，根据微小误差准则，在将系统误差与随机误差进行合成时，随机误差可以忽略。所以决定校验装置等级的主要因数是系统误差。

一、三相四线校验装置误差

带有标准互感器的三相电能表检定装置，在三相四线方式工作时，其综合误差为

$$\gamma = \gamma_{\mathrm{b}} + \gamma_{\mathrm{I}} + \gamma_{\mathrm{U}} + \gamma_{\mathrm{r}}$$

式中　γ——三相电能表检定装置系统误差；

γ_{b}——标准电能表误差；

γ_{I}——标准电流互感器误差；

γ_{U}——标准电压互感器误差；

γ_{r}——标准表与被检表电压端钮之间电压降引起的误差。

还可以表示为

$$\gamma = \gamma_{\mathrm{m}} + \left\{ \frac{f_{\mathrm{I1}} + f_{\mathrm{I2}} + f_{\mathrm{I3}} + f_{\mathrm{U1}} + f_{\mathrm{U2}} + f_{\mathrm{U3}} + f_{\mathrm{r1}} + f_{\mathrm{r2}} + f_{\mathrm{r3}}}{3} + \right.$$
$$\left. \frac{0.0291}{3}\left[(\delta_{\mathrm{I1}} - \delta_{\mathrm{U1}} - \delta_{\mathrm{r1}}) + (\delta_{\mathrm{I2}} - \delta_{\mathrm{U2}} - \delta_{\mathrm{r2}}) + (\delta_{\mathrm{I3}} - \delta_{\mathrm{U3}} - \delta_{\mathrm{r3}})\right]\tan\varphi \right\}\%$$

$$\qquad (9\text{-}17)$$

式中　f_{I1}、f_{I2}、f_{I3}——A、B、C 相标准电流互感器的比差，%；

f_{U1}、f_{U2}、f_{U3}——A、B、C 相标准电压互感器的比差，%；

f_{r1}、f_{r2}、f_{r3}——A、B、C 相电压端钮之间电压降引起的幅度误差，%；

δ_{I1}、δ_{I2}、δ_{I3}——A、B、C 相标准电流互感器的角差；

δ_{U1}、δ_{U2}、δ_{U3}——A、B、C 相标准电压互感器的角差；

δ_{r1}、δ_{r2}、δ_{r3}——A、B、C 相电压端钮之间电压降引起的角差。

装置系统误差中的主要因素是电能表误差，当采用与装置同等级的标准电能表时，为了保证装置的准确度，要求电压、电流互感器误差和电压降误差达到可以忽略的程度，所以国家标准和检定规程要求，互感器等级应为装置等级的 1/10，电压降与额定电压之比应不大于装置基本误差的 1/5。

不带互感器的三相电能表检定装置，在三相四线方式工作时，其综合误差为

$$\gamma = \gamma_b + \gamma_r = \gamma_b + \left[\frac{f_{r1} + f_{r2} + f_{r3}}{3} - \frac{0.0291}{3}(\delta_{r1} + \delta_{r2} + \delta_{r3})\tan\varphi\right]$$

当三相电压线路的长度、线径基本一致时，$f_{r1} \approx f_{r2} \approx f_{r3} = f_r$，$\delta_{r1} \approx \delta_{r2} \approx \delta_{r3} = \delta_r$，便可简化为

$$\gamma = \gamma_b + (f_r - 0.0291\delta_r\tan\varphi) \tag{9-18}$$

二、三相三线校验装置误差

带有标准互感器的三相电能表检定装置，在三相三线方式工作时，其综合误差为

$$\gamma = \gamma_b + \gamma_I + \gamma_U + \gamma_r$$

$$= \gamma_b + \left[\left(\frac{f_{I1} + f_{I3} + f_{U1} + f_{U3} + f_{r1} + f_{r3}}{2} + \frac{\delta_{I1} - \delta_{I3} - \delta_{U1} + \delta_{U3} - \delta_{r1} + \delta_{r3}}{119.1}\right)\right.$$

$$\left. + \left(\frac{f_{I3} - f_{I1} + f_{U3} - f_{U1} + f_{r3} - f_{r1}}{3.464} + \frac{\delta_{I1} + \delta_{I3} - \delta_{U1} - \delta_{U3} - \delta_{r1} - \delta_{r3}}{68.76}\right)\tan\varphi\right]\%$$

$$\tag{9-19}$$

式中　f_{U1}、f_{U3}——U_{AB}、U_{CB} 标准电压互感器的比差，%；

f_{r1}、f_{r3}——标准电能表与被检电能表 U_{AB}、U_{CB} 端钮之间电压降引起的幅度误差，%；

δ_{U1}、δ_{U3}——U_{AB}、U_{CB} 标准电压互感器的角差；

δ_{r1}、δ_{r3}——标准表与被检表 U_{AB}、U_{CB} 端钮之间电压降引起的角差。

其他符号的意义同式（9-17）。不带互感器的三相电能表检定装置，在三相三线方式工作时，其综合误差为

$$\gamma = \gamma_b + \gamma_r = \gamma_b + \left[\left(\frac{f_{r1} + f_{r3}}{2} - \frac{\delta_{r1} - \delta_{r3}}{119.1}\right) - \left(\frac{f_{r1} - f_{r3}}{3.464} + \frac{\delta_{r1} + \delta_{r3}}{68.76}\right)\tan\varphi\right] \tag{9-20}$$

当三相电压线路的长度、线径基本一致时，$f_{r1} \approx f_{r3} = f_r$，$\delta_{r1} \approx \delta_{r3} = \delta_r$，式（9-20）可简化为

$$\gamma = \gamma_b + (f_r - 0.0291\delta_r\tan\varphi) \tag{9-21}$$

式中　f_r、δ_r——标准电能表与被检电能表 U_{AB}、U_{CB} 端钮之间电压降引起的幅度误差平均值（%）和角差平均值。比较式（9-21）与式（9-18）可见，二者相同。

第四节　减小综合误差的方法

从综合误差产生原因可以看出，要使一种测量的整体误差最小，方法一是使构成综合误差的各种误差值都尽量小；方法二是使各部分误差数值接近、符号相反从而使整体误差减

小，甚至比构成它的个体误差还小；方法三是将前两种方法结合使用。下面将具体分析实施办法。

电能计量装置的综合误差的表达式为 $\gamma = \gamma_b + \gamma_h + \gamma_d$，即处于运行中的电能计量装置，其综合误差与电能表的误差、互感器的合成误差、电压互感器二次压降都有关。通常运用如下方法减小电能计量装置综合误差：

（1）尽量选用误差较小的互感器。互感器误差小，则合成误差小。所以应尽量选用误差较小的互感器。在条件许可下，对运行的互感器可进行误差补偿。

（2）减小电压互感器的二次回路压降误差。在电能计量装置专用的计量回路中，应尽量缩短二次回路导线的长度，加大导线截面积，降低导线电阻。对 35kV 的计量点，为保证安全，二次回路装有熔断器时，必须注意熔断器的选型。

（3）根据互感器的误差将电流互感器和电压互感器合理地组合使用。互感器的合成误差除了与互感器的比差和角差有关，还与负荷大小及负荷性质有关。对于校验合格的互感器，为使其合成误差最小，一般采用方法二。

例如，三相三线高供高量方式，由于测量电能时采用了电流互感器（TA）和电压互感器（TV），因此可根据其综合误差表达式（9-5）将其合理地组合使用。原则是：将比差绝对值相近或相等而符号相反，角差绝对值相近或相等而符号相同的 TV 和 TA 组成一组，配套使用，这样可以使 TV 和 TA 的误差互相补偿，甚至可以使互感器的合成误差为零。三相四线电路有功电能的测量，组合使用原则必须根据其互感器合成误差的具体表达式而定。

当采用组合配套的方法后，如果能使互感器合成误差接近零，则计量装置的综合误差就只有电能表本身的相对误差，只需按电能表本身的相对误差进行更正。

（4）电能表与互感器成组进行校验调整。将互感器与电能表配套后再对电能表进行校验调整。在调整时，将互感器的误差从电能表误差内扣除。这样计量装置的综合误差可以减小到最小的范围。成组调整的方法是：根据电力负载和功率因数随时间的变化曲线，求出平均负载及平均功率因数，以此作调整点。

（5）尽量使互感器运行在额定负载内。如果回路中串入了过多电器，会使互感器运行在非额定负载内，从而降低互感器准确度，增大互感器合成误差。

由以上分析可知，要减少计量装置的综合误差，单单采用一种方法是不行的。只有全面考虑电能表、互感器和二次回路误差的合理匹配，才能使电能计量装置的综合误差在计量设备准确度等级一定的情况下，减至最小值。

虽然各个供电单位都重视计量装置的综合误差的考核，但是考核的实际操作有较大的难度。其原因是各项误差随着运行参数 U、I、$\cos\varphi$ 而变化。例如，负荷电流可以在 $0 \sim I_{max}$ 随机变化，功率因数也是随机变化的，综合误差也就不是固定值。某个计量装置的综合误差是指常用负荷、常用功率因数下的综合误差，并不能代表所有的运行状态。鉴于这个原因，新修订的《电能计量管理规程》只要求把计量装置各部分误差控制在合格范围之内即可。

习　题

9-1　测量误差分为哪几类？

9-2　按误差来源，系统误差包括哪些误差？

9 - 3　系统误差的特点是什么？如何消除它对测量的影响？

9 - 4　如何消除测量过程中的随机误差？

9 - 5　什么是互感器的合成误差？什么是电能计量装置的综合误差？

9 - 6　叙述减小互感器合成误差的方法。

9 - 7　什么是校验装置误差？

9 - 8　如何减少电压互感器二次回路压降误差？

9 - 9　三相四线有功电能表带三台电流互感器。在额定电流时，互感器误差试验数据为：$f_{I1}=-0.1\%$，$\delta_{I1}=10'$；$f_{I2}=-0.2\%$；$\delta_{I2}=-5'$；$f_{I3}=-0.3\%$，$\delta_{I3}=5'$。分别求 $\cos\varphi=1.0$ 和 $\cos\varphi=0.8$ 时的互感器合成误差。

9 - 10　三相三线有功电能表带电压、电流互感器。电压二次回路压降测试数据为：$f_{ab}=-0.1\%$，$\delta_{ab}=1'$，$f_{cb}=-0.2\%$，$\delta_{ab}=2'$，且求 $\cos\varphi=1.0$ 时的压降误差。

第十章 实 验 部 分

实验一 电能表的结构认识

一、实验目的

(1) 熟悉单相电子式电能表的内部结构。

(2) 熟悉三相电子式智能电能表的结构。

二、实验仪表、工具及材料

单相电子式电能表、三相电能表各1只,对应的内部结构电路图1幅,一字、十字螺钉旋具各1把。

三、实验内容及步骤

1. 认识电能表的组成部分

根据图1-11所示电能表的外部结构,找出实验室中电能表的对应组成部分,同组同学之间可以互相说明。

2. 认识电能表的铭牌

分别找到单相电能表和三相电能表的铭牌,将其技术参数填入表10-1中。

表 10-1   电能表的铭牌数据

类别	型号	电能表常数	参比电压	参比电流	参比频率	工作条件	有功计量单位	无功计量单位	准确度等级
单相									
三相									

3. 开表

观察电能表表盖上的螺钉及端钮盒盖螺钉是否有铅封,若无铅封,则该表是不合格产品,不应使用。退去铅封,旋开螺钉,将表盖翻转后置于操作台上,用以盛放零件。

4. 认识内部各部分电路

对照电能表内部结构线路图及图1-10,在电能表内部电路板上,找出分立元件电压取样电路、分立元件电流取样电路;本地通信模块,包括电能表载波模块、RS485模块等;电能表内部的各种芯片,包括计量芯片、时钟芯片、控制芯片等;电源电路,包括稳压电路、停电抄表备用电池、时钟备用电池等。要求能根据所学知识找到对应模块电路,并了解构成这些模块的元器件,以及它们在电路板中的位置和作用。

5. 认识外部接线电路

找到端钮盒中接线端子,观察以下内容:

(1) 单相电能表:强电接线端子的各接线孔的进、出线与内部元件间的关系。弱电(辅助)接线端子的接线方式等。

(2) 三相电能表:强电接线端子的各接线孔的进、出线与内部元件间的关系。弱电(辅助)接线端子的接线方式等。

四、思考题

（1）电子式电能表取样电路的作用是什么？为什么采用分立元件而不是集成电路？

（2）单相电子式电能表与三相电子式电能表的本地通信种类各有哪些？

实验二　单相电能表的接线及检查

一、实验目的

通过实验使学生掌握单相电能表的正确接线方式；加深对用实负载比较法进行接线检查的理解。

二、实验仪表及器材

电能表接线屏 1 台，准确度等级为 2 级的单相电能表 1 块，交流电压表（或万用表）1 块，交流电流表 1 块，秒表 1 块，导线若干。

三、实验内容及步骤

1. 单相电能表的正确接线

将单相电能表按图 10 - 1 接线，负载为一只 60W 的灯泡。

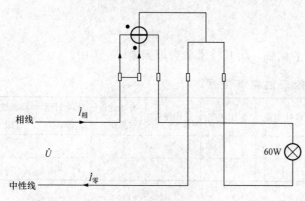

相线　$\dot{I}_相$

$\dot{U}$

中性线　$\dot{I}_零$

60W

图 10 - 1　60W 灯泡作为单相表负载时的正确接线

2. 用瓦秒法检查接线的正确性

待电能表脉冲稳定后，用秒表测试电能表脉冲灯闪动 10 次所用时间 t。从电能表的铭牌上可知电能表的常数 C（imp/kWh），则电能表脉冲灯闪动 10 次应该用时间为

$$T = \frac{3600 \times 1000 \times 10}{C \times 60}$$

那么，这块单相电能表的相对误差

$$\gamma = \frac{T - t}{t} \times 100\%.$$

判断：如果电能表准确度等级为 2，则 $-2\% \leqslant \gamma \leqslant +2\%$，说明电能表接线正常；$\gamma \leqslant -2\%$，则超差了，且表转慢了；若 $\gamma \geqslant +2\%$ 则超差了，且表转快了，由此可判断该表的接线可能有错。

四、注意事项

（1）在实验过程中做好用电安全防范，只有经过指导老师确认接线正确后，方可合闸送电。

（2）用万用表测电压时，一定要选准挡位，应选交流电压挡。

（3）用实负载比较法检查接线时，线路通电后要预热几分钟，功率趋于稳定，才能进行测试。

五、思考题

（1）试述瓦秒法使用注意事项。

（2）画出单相电能表极性反接时电能表上电压、电流相量图，观察并且回答电能表计得电量的变化、用户能否正常用电？

（3）试分析电能表的电流回路被电阻 R 短接后，R 的大小对电能表转速的影响。

实验三　电子式电能表的检定

一、实验目的

（1）熟悉程控型电能表检定台的操作。

（2）能够在实验室内完成电子式电能表的检定。

二、实验条件

（1）检定工作场所应光线充足、清洁整齐。

（2）环境温度（23±2）℃，相对湿度 60％±15％。

三、实验设备

程控型三相电能表检定台，被检三相电子式电能表1只，2、4寸十字螺钉旋具各1把，2、4寸平口螺钉旋具各1把。

四、实验内容及步骤

1. 着装

按照实验室管理的要求，强调工作班成员（学员）必须着装：着白大褂，穿工作鞋。

2. 实验室环境条件检查

按国家计量检定规程，检查试验室温度、空气相对湿度等环境条件符合要求，并如实记录。实验室参比温度按（23±2）℃考核，湿度按（60±15）％考核。

3. 外观检查

进行电能表的外观检查，不合格者应判定为外观不合格。检查电能表标志齐全是否符合要求，铭牌字迹是否清楚，轻轻晃动电能表检查其内部是否有杂物，电能表封印是否完好。以上检查，有任一缺陷的电能表判定为外观不合格，学员必须报告指导教师得到许可后方可继续操作。

4. 正确接入被检电能表（以三相四线直接接入式电能表为例）

（1）选定表位将电能表挂接到检定装置挂表座上，并拧紧电流端子螺钉。

（2）用电压线将各表位电能表与装置电压端子正确连接。接好后如图10-2所示。

（3）将脉冲测试线高端（红色鳄鱼夹）与电能表有功脉冲高端相连，脉冲测试线低端（黑色鳄鱼夹）与电能表有功脉冲低端相连。

（4）根据不同型号的检定台，找到其对应的时钟、通信输入端口与电子式电能表的时钟及 RS485 通信端子正确连接。

5. 电能表检定

此处检定步骤主要以深圳科陆 CL3000 三相电能表程控检定台的操作为例，但国产其他厂家和型号的检定装置硬件和软件操作

图10-2　电能表电压、电流端子与
电能表检定装置连线图

基本近似。

（1）打开检定装置电源，观察指示仪表显示状态，确认装置工作是否正常。

（2）打开计算机，点击检定程序，输入用户名及口令，进入检定主程序。

（3）主程序界面点击"选表"，进入表位挂接选择界面，确认挂接表位与装置挂表架上的表位一致，点击"确定"，返回主程序界面。

（4）参数录入：进入电能表检定软件，将被检电能表的电压电流规格，制造厂家、型号，表地址，准确度等级，电能常数等基本信息正确录入软件，并正确设置测量方式、检定类型等内容。

（5）进行电能表接线正确性检查的预先调试试验；若检查为不合格，应重新检查接线情况。

（6）预先调试通过后，进行电能表外观检查的通电检查部分，检查内容参照本书第七章第二节相关内容。

（7）检定方案的设定：按照 JJG 596—2012《电子式交流电能表检定规程》的要求，正确设置负载点并保存方案。具体负载点的选定请参照本书第七章表 7-3、表 7-4。

（8）主程序界面双击"潜动试验"，设置潜动时间，点击"开始"，程序进入测试状态。

（9）潜动试验结束后，主程序界面双击"启动试验"，点击"开始"，程序进入试验状态。

（10）启动试验结束后，进入"基本误差"测试项目，双击第一个负载点，点击主菜单中的"自动"按钮，程序可自动从大到小完成全部基本误差负载点的测试。

（11）基本误差测试结束后，主程序界面双击"仪表常数试验"项目，检查待检表费率时段参数，点击"开始"，程序将按用户设置好的方案要求开始试验，测试过程根据提示及时打开"编程"按钮。

（12）以上测试结束后，主程序界面点击"保存"后拷屏打印。

6. 工作结束

（1）拆下待检表：将待检表从挂表架取下，检定合格的加装封印、粘贴检定标记。

（2）待检表恢复：将电能表表尾及配件恢复至试验前状态（直接接入式电能表恢复电压连片）。

（3）退出检定程序，主程序界面点击"退出"，退出检定程序。

（4）关闭电源：先关计算机，后关装置电源。

（5）清理现场：将待检表摆放整齐、工具及测试线整齐放入台体抽屉。

五、思考题

（1）若被检电能表为 0.5S 级电子式电能表，本次检定时间为 2013 年 4 月 5 日，试确定检定合格证的有效期起止日期为？

（2）某 2.0 级单相电子式电能表，其应该检定的点有哪些？

实验四　电能表实负荷检验

一、实验目的

（1）熟悉电能表现场校验仪的正确使用。

（2）能用电能表现场校验仪在模拟现场完成三相电能表的现场检验。

二、实验条件

（1）检定工作场所应光线充足、清洁整齐。

（2）环境温度为 0～35℃；环境湿度≤85%。

三、实验设备

电能表现场校验仪 1 台，被校三相三线电能表 1 只，低压验电笔 1 支，平口、十字螺钉旋具各 1 把、铅封若干。

四、实验内容及步骤

1. 着装

工作班成员（学员）必须正确佩戴安全帽，着棉质工作服，穿绝缘鞋，戴线手套。

2. 开始工作

学员工作开始前需口头提出开始工作申请。

3. 检查计量装置检验条件

依据国家电网公司《电能计量装置现场检验作业指导书》开展现场检验工作。检查现场工作条件是否满足以下条件：

环境温度为（0～35）℃；

环境湿度≤85%；

电压偏差不超过±10%；

频率偏差不超过±2%；

负荷电流大于等于标定电流的 10%（对于 S 级的电能表为 5%）或功率因数大于等于 0.5。

条件不满足不宜进行误差检验，学员应报告监护人或指导教师。

4. 电能表外观检查

检查电能表合格证有效期是否在有效期范围内；

检查电能表封印、表壳、接线端钮是否完好、无缺损；

检查被检电能表是否和检验流程单上的线路标示对应。

以上检查项目有任意一项不合格，不宜进行误差检验，学员应做好记录后报告监护人或指导教师，得到许可后可继续工作。

5. 电能表显示信息

按键翻屏，正确记录电能表显示屏上表计日期、时间，屏幕显示时间与北京时间的差值小于 5min；

正确读取、记录当前电压、电流、功率、相位或功率因数；

记录并计算计度示值误差，其相对误差应不大于 0.2%；

检查当前运行费率时段设置是否符合本网省公司规定并记录；

检查结算冻结日是否符合本网省公司规定并记录。

6. 被检电能表端子的检查

检查被检电能表端子与导线连接是否紧密、牢固。

7. 校验仪及试验导线检查

接入电能表现场校验仪前应检查现校仪的测试导线是否具有良好的绝缘，中间不允许有接头，并有明显的极性和相别标志；电流连接线的两端必须具有自锁功能。

8. 接入现场校验仪（以三相三线电能表为例）

打开电能表现场校验仪，按现场校验仪说明书规定预热（若说明书未作要求，预热时间不少于 15min）。然后按现场校验仪使用说明正确连接仪器导线：

1）先按相色标示将黄色电流导线插入现场校验仪 IA 黄色电流插孔。

2）黑色电流导线插入现场校验仪 IA 黑色电流插孔。

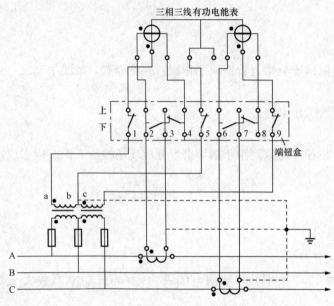

图 10 - 3　检验三相三线有功电能表的接法

3）同理，将红色电流导线插入现场校验仪 IC 红色电流插孔，黑色电流导线插入现场校验仪 IC 黑色电流插孔。

4）将黄、绿、红三根电压线分别插入电压试验端子 UA、UB、UC。

5）四根电流线的另一端接入分别接入图 10 - 3 中 $3_上$、$4_下$ 及 $7_上$、$8_下$ 端子内，然后打开端子 3、4 及 7、8 间的短路片，于是现场校验仪标准表的电流回路串入被测电路。

6）三根电压线的另一端分别用鳄鱼夹夹在端子 1、5、9 端子上，则将现场校验仪标准表的电压回路并入被测电路。注意接线中要采取防止电压线坠落的措施。

9. 正确设置现场校验仪参数显示信息

按照使用说明书正确设置校验仪工作参数：

表号、接线方式、电能表常数、脉冲数为必须设置的参数，且一定不能错误。脉冲数的设置应参照规程 DL/T 826—2002《交流电能表现场测试仪》中的规定。

10. 打开电流试验端子

打开电流试验端子，用现场校验仪的电流指示值进行监视，接线人员、监视仪表人员要前后呼唤应答。

11. 测量数据

正确使用现场校验仪的测量数据功能，测量实时的电压、电流、功率、相位或功率因数并规范记录，所有记录应保留小数后 2 位。

12. 检验误差

默认现场校验仪已达到热稳定，但应说明在负荷相对稳定的状态下，采用脉冲采样法自动进行误差检验；检验次数一般不得小于 2 次，取其平均值作为实际误差。但对有明显错误的读数应该舍去。正确记录误差值和平均误差，记录误差数据应保留校验仪上的所有位数，校验全部数据应存储在校验仪中，并根据平均误差值判断被试运行中电能表是否超差。

相应的数据记录于表 10 - 2 中。

13. 拆除试验导线

恢复电流连接片，用现场校验仪电流指示值进行监视、确认电流回路确无电流后，方可拆除接线，拆除电压线时要防止电压二次回路短路。

14. 恢复现场

恢复被检表端子盖、试验接线盒、加铅封并清扫现场。

15. 办理工作终结

所有工器具撤离现场，口头申请工作终结。

五、思考题

(1) 电能表现场检验应满足的工作条件？

(2) 配合接线示意图简述电能表现场校验仪的正确接线。

表 10 - 2　　　　　　　三相电能表实负荷检验原始记录

序号	现场检验条件							
1	环境温度	环境湿度	电压偏差	频率偏差	负荷率	功率因数	校验仪预热	下次检验时间
2	电能表显示内容检查							
	序号	检查项目		检查结果		备注		
	1	日期、时间						
	2	当前费率时段设置						
	3	计度器示值误差						
	4	失电压、失电流记录						
	5	报警信息						
3	计量装置类别							
	现场检验周期							
4	电能表显示数据		一元件		二元件		三元件	
	电压（V）							
	电流（A）							
	实时功率因数							
5	误差（1）		误差（2）		误差（3）		误差（4）	平均误差（%）
6	本次检验使用仪器							
	型号：＿＿＿＿　生产厂家＿＿＿＿　出厂编号：＿＿＿＿　准确度等级：＿＿＿＿							

检验日期：　　　　　　　　　　　　检验结论：

检定人员：　　　　　　　　　　　　客户签字：

实验五　互感器极性测试

一、实验目的

通过实验使学生掌握测量用互感器极性的判断的方法。

二、实验设备

电压互感器 1 台，电流互感器 1 台，电池 1.5～12V 若干块，小量限直流电压表或万用表（选直流电压挡）1 块，直流电流表 1 块，导线若干；开关 1 个。

三、实验内容及步骤

1. 电压互感器极性测试

（1）按图 10 - 4（a）接好电路图。注意按照电压互感器铭牌标示的 A、X、a、x 接线。电压互感器一次绕组的 A 端子接电池的"＋"极，X 端子接电池的"－"极。

（2）快速合上开关 S，如果 S 接通电源的瞬间直流电压表指针"正"偏；则说明电压互感器二次绕组两个端子中与直流电压表"＋"极相连端为 a 端；即也为"＋"极。与一次绕组"A"互为同名端。若仪表指针反方向偏转，则上述接"＋"极的两端子为异名端。

注意：瞬间断开时，电压表的指针偏转方向与开关瞬间接通时，恰好相反。

2. 电流互感器极性测试。

（1）按图 10 - 4（b）接好电路图。注意按照电流互感器铭牌标示的 L1、L2、K1、K2接线。电流互感器一次绕组的 L1 端子接电池的"＋"极，L2 端子接电池的"－"极。

（2）快速合上开关 S，如果 S 接通电源的瞬间直流电流表指针"正"偏，则说明电流互感器二次绕组两个端子中，与直流电流表"＋"极相连的为 K1 端，即为"＋"极性。与一次绕组"L1"互为同名端。若仪表指针反方向偏转，则上述接"＋"极的两端子为异名端。

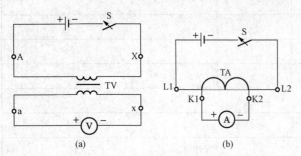

图 10 - 4　直流法检查互感器的极性

(a) 检查电压互感器的极性；(b) 检查电流互感器的极性

注意：S 瞬间断开时，电流表的指针偏转方向与开关瞬间接通时，恰好相反。

四、思考题

（1）说明测试电压互感器的极性时应该注意的事项。

（2）说明测试电流互感器的极性时应该注意的事项。

参 考 文 献

[1] 祝小红. 电能计量 [M]. 北京：中国电力出版社，2007.

[2] 丁毓山. 电子式电能表与抄表系统 [M]. 北京：中国水利水电出版社，2005.

[3] 孟凡利，祝素云，李晗晖，刘浩. 智能电能表现场检测方法及错误接线分析 [M]. 北京：中国电力出版社，2012.

[4] 李国胜，祝红伟. 电能计量与装表接电 [M]. 北京：中国电力出版社，2013.

[5] 宗建华，闫华光，史树冬，于海波. 智能电能表 [M]. 北京：中国电力出版社，2010.

[6] 刘延冰，李红斌，等. 电子式互感器原理、技术及应用 [M]. 北京：科学出版社，2009.

[7] 国网电力科学研究院通信与用电技术分公司防窃电研究中心组. 电子式电能表防窃电新技术 [M]. 北京：中国电力出版社，2013.

[8] 肖勇，周尚礼，张新建，化振谦. 电能计量自动化技术 [M]. 北京：中国电力出版社，2011.

[9] 孙褆，舒开旗，刘建华. 电能计量新技术与应用 [M]. 北京：中国电力出版社，2010.